A. PETERSEN

Das kleine Gräserbuch für den praktischen Landwirt und seine Berater

DAS KLEINE GRÄSERBUCH

FÜR DEN PRAKTISCHEN LANDWIRT UND SEINE BERATER

Eine Anleitung
zur Erkennung der landwirtschaftlich wichtigen Gräser,
zur Kultur der Futtergräser und zur Bekämpfung der Unkrautgräser
auf dem Grünlande und auf dem Ackerlande

mit einem Anhang
über die Erkennung, den Zeigerwert und die Bekämpfung
der landwirtschaftlich wichtigsten

BINSEN, SAUERGRÄSER und SCHACHTELHALME

VON

Prof. Dr. Dr. h. c. ASMUS PETERSEN

Mit 74 Bildtafeln von Fritz Marlier

AKADEMIE-VERLAG · BERLIN

1961

Erschienen im Akademie-Verlag GmbH, Berlin W 8, Leipziger Str. 3—4

Lizenznummer: 202 · 100/691/61
Gesamtherstellung: Druckhaus „Maxim Gorki“, Altenburg
Bestellnummer: 5427
Printed in Germany
ES 22 D/18 G 2

Vorwort

Mein großes Gräserbuch hat eine weite Verbreitung gefunden. Einer besonderen Beliebtheit erfreute es sich vor allem auch in der breiten Praxis. Hatte man hier doch ein Buch, mit dessen Hilfe man sich verhältnismäßig leicht in das so schwierig erscheinende Gebiet der Gräser- und Graslandkunde einarbeiten konnte. Die erste Auflage von 1935 war nach kurzer Zeit vergriffen. Nur zögernd und mehr unter dem Druck der Öffentlichkeit entschloß ich mich zu weiteren Auflagen, die immer wieder bald vergriffen waren. Ich zögerte mit den Neuauflagen, weil ich anderer Arbeiten wegen einfach die Zeit nicht fand, alle Erweiterungen und Verbesserungen anzubringen, die ich für erforderlich hielt. Nachdem ich nun seit 1957 Direktor des Institutes für Grünland- und Moorforschung in Paulinenaue bin und auch an der Universität ausschließlich das Fach Grünland vertrete, ich mich nunmehr also hauptamtlich der Grasforschung widmen kann, wird die fünfte Auflage so vorbereitet, daß sie meinen Vorstellungen über Vollständigkeit entspricht. Die Herausgabe der fünften Auflage wird allerdings noch einige Jahre auf sich warten lassen.
Die Praxis kann aber nicht so lange warten. Durch die Weidekombinate, die in Paulinenaue entstanden sind und zusammen mit dem Institut für Landtechnik in Bornim und dem Institut für Milchforschung in Oranienburg und der Bauakademie bis zur Praxisreife entwickelt wurden, läßt sich unser Grünland in höchste Kultur bringen. Auch in den dorf- und hoffernen Grünlandgebieten können wir zur ertragreichsten und arbeitsproduktivsten Form des Grünlandes, zur Mähweide, übergehen.
Kein Grünland ist in Zukunft bei uns mehr hoffern. Die Kuhstallkombinate, die ja sowieso außerhalb der alten Dörfer entstehen, müssen nur dorthin gelegt werden, wo die Melkhäuser gleichzeitig als Weidezentrale dienen können, oder in den Fällen, wo das nicht angängig ist oder nicht ausreicht, müssen Weidekombinate mit speziellen Weidezentralen geschaffen werden. Nicht nur die höchste Form der Nutzung des Grünlandes ist damit gegeben, sondern auch eine einwandfreie tierzüchterische, tierhalterische und tierärztliche Betreuung des Viehes, ein maschinelles Melken bei hoher Arbeitsproduktivität und eine hygienisch einwandfreie Milchgewinnung bei besten Arbeitsbedingungen für die Menschen, die das Vieh betreuen.
Die Grünlandentwässerungskampagne erhält durch die Weidekombinate starke Impulse, weil im Zuge der Folgemaßnahmen nunmehr die hochertragreiche Mähweide weitgehend entwickelt werden kann.
Wenn diese große Neuordnung des Grünlandes, die vor uns steht, voll gelingen soll, wenn das Grünland nicht wie bisher nur 30% des Grün-, Rauh- und Saftfutterbedarfes

des Rindviehs liefern soll, sondern mehr als 50% bei höheren Viehbeständen mit höheren Leistungen, dann ist ein breites Wissen über die Gräser und das Grünland in der großen Praxis erforderlich.
Auf Wunsch der Praxis, ihrer Berater, der Verwaltung und des zuständigen Ministeriums lege ich hiermit einen Auszug aus meiner umfassenden Arbeit als „das kleine Gräserbuch“ vor.
Ausgelassen sind alle Waldgräser, alle seltenen Gräser und die Gräser von Sonderstandorten. Stattdessen sind eine Reihe von Sondergräsern aufgenommen worden, die auch in den vollständigsten Grasbüchern nicht zu finden sind, über die aber der Praktiker unbedingt unterrichtet sein muß, weil sie neuerdings als Futtergräser angeboten werden: so die Roggentrespe, das Kanariengras, das Sudangras, die Beckmannie, die Rispen- und die Kolbenhirse. Oberstes Prinzip ist nicht Vollständigkeit, sondern Abstufung nach der Wichtigkeit für die Praxis bei leichtverständlicher Darstellung.
Abgebildet sind nicht nur die Blätter und die Blütenstände der Gräser, sondern bei den zur Aussaat gelangenden oder als Beimengung in deren Saatgut vorhandenen, auch die Samen. Leicht verständlich sein, heißt natürlich nicht ungenau sein, sondern im Gegenteil peinlich genau. Selbst in umfassenden, nur der Samenkunde gewidmeten Werken wird man kaum Abbildungen finden, die so genau und eindeutig sind wie unsere nur zusätzlich gebrachten Samenbilder. Man kann anhand dieses kleinen Gräserbuches beispielsweise sogar die Samen der sechs bei uns häufigsten Rispengräser (Poa-Arten) einfach und sicher ansprechen.
Die Bildtafeln und die Instruktionstafeln stammen von dem Kunstmaler *Fritz Marlier*; die früheren Bilder vom Kunstmaler *Franz Susemihl* aus dem Jahre 1935 sind größtenteils verloren gegangen, soweit sie noch vorhanden und brauchbar waren, sind sie überarbeitet worden.
Es ist beabsichtigt, dem kleinen Gräserbuch im nächsten Jahre ein kleines Kleebuch folgen zu lassen. Ähnlich wie bei dem kleinen Gräserbuch im Anhang die landwirtschaftlich wichtigsten Sauergräser, Binsen und Schachtelhalme mitberücksichtigt sind, so sollen im kleinen Kleebuch die landwirtschaftlich wichtigsten sonstigen Kräuter mit abgehandelt werden. Ich hoffe der breiten Praxis damit ein Material in die Hand zu geben, das nicht einigen Spezialisten vorbehalten bleiben darf, wenn die Organisation und der Betrieb der Futterwirtschaft gelingen soll.
Allgemein interessieren dürfte, daß der Begriff „Grasland“ oder „Grünland“ hier weiter gefaßt wird als üblich. Außer dem *Dauergrünland* wird auch das *periodisch erneuerte Grünland* und das *Wechselgrünland* mit behandelt. Das periodisch erneuerte Grünland ist die gegebene Form auf dem Abwassergrünland aber auch auf vielen Niedermoorstandorten und wird noch mehr um sich greifen, sobald das Wuchsstoffherbizid auf Propionsäurebasis, das Dalapon, bei uns preiswert zur Verfügung steht, das die alte Grasnarbe vernichtet, man also das Grünland ohne Umbruch erneuern, neu ansäen kann. In Holland, dem klassischen Lande der Dauerweiden, spricht man neuerdings von einer Grünlandbewegung. Verstanden wird darunter die Anlage von beregnetem und stickstoffgedüngtem Wechselgrünland auf grundwasserfernen Sandböden. Auch wir zählen das mehrjährige Kleegras zum Grünland.

Paulinenaue, den 15. März 1961 Asmus Petersen

Grundsätzliche Vorbemerkungen zum Aufbau, zum Verständnis und zum Gebrauch des kleinen Gräserbuches

(die bei dem Studium des Buches beherzigt werden müssen)

Die Gräser sind von der systematischen Botanik keineswegs vernachlässigt worden. Es liegen grundlegende systematische Werke über die Gräser vor. Aber auch sehr gute speziell auf die Bedürfnisse der Landwirtschaft abgestellte Gräserbücher, die ein Bestimmen der Gräser in der Blüte und im blütenlosen Zustande zulassen und zusätzlich wertvolle landwirtschaftliche Angaben enthalten, gibt es bei uns und in anderen Ländern schon seit 100 Jahren. „Deutschlands Gräser" von *C. Jessen* aus dem Jahre 1863, die zehn Auflagen von *W. Streckers* „Erkennen und Bestimmen der Wiesengräser" aus den Jahren von 1900 bis 1925 und die neun Auflagen von *E. Klapps* „Taschenbuch der Gräser" aus den Jahren nach 1937 gehören dazu. Sie enthalten Tabellen zur Bestimmung der Gräser in der Blüte und im Blütenzustande und — allerdings nur bei *C. Jessen* — auch im Samenzustande, erläutert durch Zeichnungen und begleitet von landwirtschaftlich wichtigen Angaben, die neuerdings bis zur Stellung im pflanzensoziologischen System gehen. Der dort beschrittene Weg ist aber sehr verschlungen und unübersichtlich, er führt nur zum Ziel, wenn man sich viel Zeit läßt und alle Wegweiser entziffert. Übersichtlich und schnell und dabei doch sicher zum Ziele führend, ist nur der Weg über die Gruppenbildung nach Blattmerkmalen, den ich seit 1922 gehe und den einzuschlagen ich auch hier vorschlage.

Von Bestimmungstabellen wird gänzlich abgesehen. Sie bedeuten nur einen Umweg, der leicht in eine Sackgasse führen kann oder auch auf einen Irrweg.

Am klarsten wurde mir das bei der *Gemeinen Quecke*, die blütenlos, auch wenn man von den unterirdischen Ausläufern absieht, auf den ersten Blick zu erkennen ist, wenn man sich die beiden Hauptmerkmale, die bei keinem anderen Gras wieder vereint vorkommen, nur erst einmal klar vor Augen geführt und eingeprägt hat: *das krallige derbe Blattöhrchen* und *das kurze, gerade abgeschnittene, fein gezähnelte Blatthäutchen*. Nach allen vorhandenen Bestimmungsschlüsseln kommt man, wenn überhaupt, erst nach langem Suchen, nach der Entzifferung vieler schwer lesbarer Wegweiser zur Bestimmung dieses an sich so leicht kenntlichen Allerweltgrases. Ich schicke solche und andere wie das *Knaulgras*, die *Rasenschmiele* u. a. m. als Gruppe der *Leichtkenntlichen* allen anderen voran und entlaste dadurch das ganze Bestimmungssystem. Sicherlich sind in einem gewissen Sinne alle Gräser leichtkenntlich, gute Grasbilder mit guten Beschriftungen daneben können in der Tat jede weitere Bestimmung überflüssig machen. Aber ich fasse doch die anderen Gräser nach auffälligen Blattmerkmalen zu

Gruppen zusammen, zu den *Borstblättrigen*, den *Hirseblättrigen*, den *Schienenblättrigen* usw. und lasse als letzte Gruppe zur weiteren Entlastung des Bestimmungssystems einige Gräser folgen, die durch ihr Vorkommen, beispielsweise nur als Ackerunkraut, mit den Grünlandgräsern nicht verwechselt werden können. Daß bei dieser Gruppenbildung nach Blattmerkmalen verwandte Gräser oder Gräser mit ähnlichen Standortsansprüchen oft in eine Gruppe fallen, erleichtert das Behalten und das Bestimmen aus dem Kopfe natürlich ungemein.
Erleichtert wird diese Art der Bestimmung weiter durch Zeichnungen, die nicht nur die Merkmale wiedergeben, sondern auch sonst zum Greifen ähnlich sind, wie sie eben nur ein Kunstmaler liefern kann. Daß ich nun schon zum zweiten Male einen solchen Helfer gefunden habe, ist ein besonderes Glück.
Da man die Gräser zu den meisten Jahreszeiten nur blütenlos vor sich hat, ist die Einteilung nach Blattgruppen das gegebene. Selbstverständlich sind auch die Blütenstands-, die Blüten- und Samenmerkmale zusätzlich wiedergegeben. Ich habe mich allerdings nicht dazu entschließen können, auch die Wuchsform zeichnerisch darzustellen, wie es *W. Fischer* kürzlich in seinem kleinen Werke über „Unsere wichtigsten Gräser" mit Erfolg getan hat. Bei der Plastizität der Wuchsform läuft die zeichnerische Darstellung zu leicht auf eine Schematisierung hinaus, die keine großen Vorzüge hat vor den erläuternden Beschreibungen in den Bildunterschriften, auf die wir uns beschränkt haben.

Der *erste Teil* der Arbeit ist der Erkennung der Gräser in Wort und Bild gewidmet, der *zweite Teil* behandelt die Gräser als Futterpflanzen und Unkräuter auf dem Grünlande und auf dem Ackerlande.

Das Kernstück des ersten Teils der Arbeit sind die in *9 Gruppen* angeordneten *64 Bildtafeln*, auf denen die Blätter, die Blütenstände und die Samen der ausgewählten Gräser in natürlicher Größe gesehen und Teile davon außerdem auch vergrößert — die Samen grundsätzlich in 5facher Vergrößerung — wiedergegeben sind. Die danebenstehenden *Bildbeschriftungen* klären nicht nur über alle Merkmale auf, die zu beachten sind, sondern auch über die Größenverhältnisse in cm oder mm. Die *Bildunterschriften* bringen, außer dem deutschen und lateinischen Namen, Angaben über die Lebensdauer, die Wuchsform, die Wuchshöhe, die Blüte- und Reifezeit und kurze Angaben über die landwirtschaftliche Bedeutung *mit Hinweisen auf die Seiten des zweiten Teils der Arbeit*, auf denen die landwirtschaftliche Bedeutung des näheren abgehandelt wird. Besonders zu beachten sind die Angaben über die Wuchsform, da diese zusammen mit den Zeichnungen erst die Gesamterscheinung des Grases wiedergeben.
Vor jeder der neun Gruppen erfolgt eine kurze Charakterisierung aller Partner der jeweiligen Gruppe.
Diesem Kernstück des ersten Teils der Arbeit, den in 9 Gruppen angeordneten 64 Bildtafeln, vorangestellt sind *grundsätzliche Vorbemerkungen* und *Instruktionstafeln* über den Aufbau der Blätter, der Blatttriebe, der Blütenstände, der Blüten, der Ährchen und der „Samen" der Gräser. Diese einführenden Instruktionen dürfen beim Studium nicht überschlagen werden, hier wird gelehrt, wie man bei der Untersuchung der Gräser vorzugehen hat und auf was man dabei zu achten hat. Hier finden sich auch die Unterscheidungsmerkmale gegenüber den *Sauergräsern*, deren Bestimmung nach Blatt-

gruppen im Anhang der Arbeit so weit gebracht wird, daß sich der Landwirt auch dort zurechtfindet. Besonders zu beachten sind bei den einführenden Instruktionen die *drei Instruktionstafeln* Seite 9, 5 und 7, auf denen die erste Gruppe der leichtkenntlichen Gräser, die zweite Gruppe der Horstgräser mit Borstblättern vollzählig und die anderen Gruppen mit je einem Vertreter im blütenlosen Zustande wiedergegeben sind.

Im zweiten Teil der Arbeit wird beim Grünland nicht nur das *Dauergrünland*, sondern auch das *Wechselgrünland* und das *periodisch erneuerte* Grünland behandelt. Alle diese *Grasländereien* werden nach den *Wasserstufen* abgehandelt, die von der *Bodenschätzung* entwickelt wurden und allgemein bekannt sind. Wir wählen dabei aber eine von uns weiter entwickelte Form, die noch mehr Einzelheiten über den Wasserhaushalt auszudrücken gestattet. Zugrunde liegt dieser Wasserstufeneinteilung weniger die Wirkung auf die Artzusammensetzung des Pflanzenbestandes als vielmehr die Einwirkung auf das Pflanzenwachstum.

Auf ein eingehendes *Sachverzeichnis* am Schlusse des Buches ist verzichtet worden. Man halte sich an das *Inhaltsverzeichnis* und das *Verzeichnis der deutschen und lateinischen Namen* der abgehandelten Gräser am Schlusse dieser grundsätzlichen Vorbemerkungen. Dort schlage man nach, wenn man sich über dieses oder jenes Gras orientieren will. Es wird dort auf die *Bildnummer* verwiesen, unter der das Gras illustriert ist und auf die *Seite*, auf der sich die entsprechende *Bildtafel* befindet. Hier orientiere man sich über das Gras an Hand des *Bildes*, der *Bildbeschriftung* und der *Bildunterschrift*. Will man Näheres über die landwirtschaftliche Bedeutung des Grases erfahren: wo man es findet, und, wenn es sich um ein hochwertiges Futtergras handelt, wie man es fördert, wo man es ansät, in welchen Mengen und in welchen Gemischen, und, wenn es sich um ein Unkrautgras handelt, wie man es bekämpft, dann schlage man nach auf den Seiten des zweiten Teils, auf die bei den Bildunterschriften verwiesen wird.

Inhaltsverzeichnis

Vorwort . . . . V–VI

Grundsätzliche Vorbemerkungen zum Aufbau, zum Verständnis und zum Gebrauch des kleinen Gräserbuches . . . . VII–IX

Inhaltsverzeichnis . . . . X–XII

Verzeichnis der lateinischen Namen der abgehandelten Gräser mit den Hinweisen auf die entsprechende Bildtafel (in den Bildunterschriften der Bildtafeln weitere Hinweise) . . . . XIII–XV

Verzeichnis der deutschen Namen der abgehandelten Gräser . . . . XVI–XVIII

Erster Teil

DIE ERKENNUNG DER LANDWIRTSCHAFTLICH WICHTIGEN GRÄSER IN WORT UND BILD 1–94

A. *Vorbemerkungen über die Bestimmungsmerkmale der Gräser* 2–21

I. Über die Merkmale der Gräser im blütenlosen Zustande 2–14

1. Das Grasblatt 2–10
Instruktionstafeln S. 3, 5, 7, 9

2. Der Blatttrieb 11–12
Instruktionstafel S. 13

3. Die Wuchsform 12–14

II. Über die Merkmale der Gräser im Blütenzustande 15–20

1. Der Blütenstandstyp 15–17
Instruktionstafeln S. 16, 17

2. Die Zahl der Abästungen auf den unteren Stufen 15, 18

3. Die Grasblüte und das Grasährchen 18–20
Instruktionstafel S. 19

III. Über den Aufbau der Grassamen 20–21

B. *Die Gräser in Wort und Bild* 23–94

(Die 64 Bildtafeln der einzelnen Gräser mit erläuternden Bildbeschriftungen und Bildunterschriften (angeordnet in 9 Gruppen nach Blattmerkmalen)

Erste Gruppe: Leichtkenntliche 23–31

Zweite Gruppe: Horstgräser mit Borstblättern 32–36

Dritte Gruppe: Gräser mit Hirseblättern . . . . 37—43
Vierte Gruppe: Gräser mit einem Haarkranz anstelle des Blatthäutchens . . . . 44—47
Fünfte Gruppe: Gräser mit Schienenblättern . . . . 48—57
Sechste Gruppe: Gräser mit auffällig geschlossener Blattscheide . . . 58—66
Siebente Gruppe: Gräser mit (kahlen) Riefenblättern . . . . 67—80
Achte Gruppe: Gräser mit kahlen ungerieften Blättern . . . . . . 81—83
Neunte Gruppe: Einige sonstige Gräser . . . . 84—94

Zweiter Teil

DIE GRÄSER ALS FUTTERPFLANZEN UND UNKRÄUTER AUF DEM GRÜNLANDE UND AUF DEM ACKERLANDE . . . . 95—131

Vorbemerkungen über die Grünlandwasserstufen . . . . 96—98

Erstes Kapitel:

Die Gräser auf den Wiesen . . . . 98—105

A. Die Gräser auf den Dauerwiesen . . . . 98—103

I. Die Gräser auf den nassen Wiesen der Wasserstufen 5+ und 4+ 98—99

II. Die Gräser der nassen wasserzügigen nährstoffreichen Überschwemmungswiesen der Wasserstufe Mi . . . . 99—100

III. Die Gräser der noch oder schon etwas zu nassen Wiesen der Wasserstufe 3+ . . . . 100—101

IV. Die Gräser der feuchten, frisch/feuchten und frischen Wiesen der Wasserstufe 2 (und 1) . . . . 101—103

V. Die Gräser der schon etwas zu trockenen Wiesen der Wasserstufe 3— 103

B. Die Gräser auf den Wechselwiesen und den periodisch erneuerten Wiesen . . . . 103—105

Zweites Kapitel:

Die Gräser auf den Weiden . . . . 105—114

A. Die Gräser auf den Dauerweiden . . . . 105—113

I. Die Gräser auf den nassen Weiden der Wasserstufe 5+ und 4+. . 105

II. Die Gräser auf den mi-nassen Weiden . . . . 105—106

III. Die Gräser auf den etwas zu nassen Dauerweiden der Wasserstufe 3+ . . . . 106—107

IV. Die Gräser auf den feuchten, frisch-feuchten und frischen Dauerweiden der Wasserstufe 2 (und 1) . . . . 107—111

V. Die Gräser auf den schon etwas zu trockenen Dauerweiden der Wasserstufe 3— . . . . 111—113

VI. Die Gräser auf den Hutungen der Wasserstufen 4— und 5— . . 113

B. Die Gräser auf den Wechselweiden . . . . 113—114

C. Die Gräser auf den periodisch erneuerten Weiden 114

Drittes Kapitel:

Die Gräser im Feldfutterbau 115–120

A. Die Gräser im Hauptfutterbau auf dem Acker 115

B. Die Gräser im Zweitfutterbau 115–117

C. Die Gräser im Winterzwischenfutterbau 117–119
(Winterroggen, Welsches Weidelgras, Roggentrespe)

D. Die Gräser im Stoppelfutterbau. 119

E. Die Gräser in der Untersaatzwischennutzung 119–120

F. Die Gräser im Frühjahrsvorfutterbau 120

Viertes Kapitel:

Die Gräser als Ackerunkräuter (Ihr Vorkommen und ihre Bekämpfung) 120–131

A. Die *Queckenunkräuter* (Schilf, Flechtstraußgras, Echte Quecke, Sandquecke, Hochmoorquecke) 120–125

B. Die *Samenunkrautgräser* (Wildhafer, Windhalm, Ackerruchgras, Ackerfuchsschwanz, die Hirseunkräuter (und die mehr oder weniger mit der Saatgutreinigung verschwundenen wie Roggentrespe, Taumellolch und Leinlolch) 125–131

Anhang

ÜBER DIE ERKENNUNG, DEN ZEIGERWERT UND DIE BEKÄMPFUNG DER LANDWIRTSCHAFTLICH WICHTIGSTEN BINSEN, SAUERGRÄSER (SIMSEN, WOLLGRÄSER, SEGGEN) UND SCHACHTELHALME 133–151

I. Die landwirtschaftlich wichtigsten Binsen 134–139

II. Die landwirtschaftlich wichtigsten Sauergräser 139–146

III. Die landwirtschaftlich wichtigsten Schachtelhalme 146–151

Verzeichnis der lateinischen Namen der abgehandelten Gräser mit den Hinweisen auf die entsprechende Bildtafel

(in den Bildunterschriften der Bildtafeln weitere Hinweise)

Agropyron repens – Echte Quecke, Gemeine Quecke	Bildtafel 1, S. 24
Agrostis alba – Weißstraußgras	Bildtafel 52, S. 76
Agrostis alba v. *maritima* – Salzweißstraußgras	Bildtafel 52, S. 76
Agrostis canina – Hundsstraußgras	Bildtafel 54, S. 78
Agrostis gigantea – Echtes Weißstraußgras	Bildtafel 52, S. 76
Agrostis spica-venti – Windhalm	Bildtafel 59, S. 85
Agrostis stolonifera – Flechtstraußgras	Bildtafel 52, S. 76
Agrostis tenuis – Rotstraußgras, Sandquecke	Bildtafel 53, S. 77
Agrostis vulgaris – Rotstraußgras, Sandquecke	Bildtafel 53, S. 77
Aira flexuosa – Drahtschmiele	Bildtafel 14, S. 36
Aira caespitosa – Rasenschmiele	Bildtafel 3, S. 26
Alopecurus aequalis – Gelber Fuchsschwanz	Bildtafel 51, S. 75
Alopecurus agrestis – Ackerfuchsschwanz	Bildtafel 61, S. 88
Alopecurus fulvus – Gelber Fuchsschwanz	Bildtafel 51, S. 75
Alopecurus geniculatus – Geknieter Fuchsschwanz, Knickfuchsschwanz	Bildtafel 50, S. 75
Alopecurus myosuroides – Ackerfuchsschwanz	Bildtafel 61, S. 88
Alopecurus pratensis – Wiesenfuchsschwanz	Bildtafel 49, S. 74
Anthoxanthum aristatum – Ackerruchgras	Bildtafel 6/7, S. 29
Anthoxanthum odoratum – Wiesenruchgras	Bildtafel 6/7, S. 29
Anthoxanthum Puelii – Ackerruchgras	Bildtafel 6/7, S. 29
Ammophila arenaria – Strandhafer	Bildtafel 67, S. 93
Apera spica-venti – Windhalm	Bildtafel 59, S. 85
Arrhenatherum elatius – Französisches Raygras, Glatthafer	Bildtafel 4, S. 27
Arundo phragmites – Schilfrohr	Bildtafel 25, S. 47
Avena elatior – Glatthafer, Französisches Raygras	Bildtafel 4, S. 27
Avena fatua – Flughafer, Wildhafer	Bildtafel 60, S. 87
Avena flavescens – Goldhafer	Bildtafel 5, S. 28
Avena pratensis – Trifthafer, Wiesenhafer	S. 48
Avena pubescens – Flaumhafer	Bildtafel 34, S. 57
Avena strigosa – Sandhafer	Bildtafel 60, S. 87
Beckmannia eruciformis – Raupenförmige Beckmannie	Bildtafel 62, S. 89
Brachypodium pinnatum – Fiederzwenke	S. 10
Brachypodium silvaticum – Waldzwenke	S. 10

Briza media – Zittergras Bildtafel 68, S. 94
Bromus arvensis – Ackertrespe Bildtafel 42, S. 66
Bromus erectus – Burst, Aufrechte Trespe Bildtafel 37, S. 62
Bromus hordeaceus – Weiche Trespe Bildtafel 38, S. 63
Bromus inermis – Grannenlose Trespe, Wehrlose Trespe Bildtafel 36, S. 61
Bromus mollis – Weiche Trespe Bildtafel 38, S. 63
Bromus racemosus – Traubentrespe Bildtafel 39, S. 63
Bromus secalinus Roggentrespe Bildtafel 35, S. 60
Bromus sterilis – Taube Trespe Bildtafel 41, S. 65
Bromus tectorum – Dachtrespe Bildtafel 40, S. 64

Calamagrostis canescens – Schmalblättriges Reitgras Bildtafel 55, S. 79
Calamagrostis epigeios – Sandrohr Bildtafel 56, S. 80
Calamagrostis lanceolata – Schmalblättriges Reitgras Bildtafel 55, S. 79
Corynephorus canescens – Igelgras, Silbergras Bildtafel 10, S. 33
Cynosurus cristatus – Kammgras Bildtafel 44, S. 69

Dactylis glomerata – Knaulgras Bildtafel 2, S. 25
Deschampsia caespitosa – Rasenschmiele Bildtafel 3, S. 26
Deschampsia flexuosa – Drahtschmiele Bildtafel 14, S. 36
Digitaria Ischaemum – Faden-Fingerhirse Bildtafel 15, S. 38
Digitaria sanguinalis – Blutfingerhirse Bildtafel 16, S. 38

Echinochloa Crus-galli – Hühnerhirse Bildtafel 17, S. 39
Elymus arenarius – Blauer Helm, Strandroggen, Strandgerste Bildtafel 66, S. 92
Eriophorum-Arten – Wollgräser S. 99

Festuca arundinacea – Rohrschwingel Bildtafel 47, S. 72
Festuca elatior – Wiesenschwingel Bildtafel 46, S. 71
Festuca ovina – Schafschwingel Bildtafel 11/12, S. 34
Festuca ovina v. *duriuscula* – Schafschwingel Bildtafel 11/12, S. 34
Festuca ovina v. *capillata* – Schafschwingel Bildtafel 11/12, S. 34
Festuca pratensis – Wiesenschwingel Bildtafel 46, S. 71
Festuca rubra – Rotschwingel Bildtafel 48, S. 73
Festuca rubra v. fallax – Horstrotschwingel Bildtafel 48, S. 73
Festuca rubra v. genuina – Ausläuferrotschwingel Bildtafel 48, S. 73

Glyceria aquatica – Hohes Mannagras Bildtafel 32, S. 55
Glyceria fluitans – Flutendes Mannagras Bildtafel 33, S. 56
Glyceria maxima – Hohes Mannagras Bildtafel 32, S. 55

Helictotrichon pratense – Trifthafer, Wiesenhafer S. 48
Helictotrichon pubescens – Flaumhafer Bildtafel 34, S. 57
Holcus lanatus – Wolliges Honiggras Bildtafel 9, S. 31
Holcus mollis – Weiches Honiggras Bildtafel 8, S. 30
Hordeum murinum – Mäusegerste Bildtafel 64, S. 91
Hordeum nodosum – Roggengerste, Wiesengerste Bildtafel 65, S. 91
Hordeum secalinum – Roggengerste, Wiesengerste Bildtafel 65, S. 91

Koeleria-Arten – Schillergräser S. 10

Lolium hybridum – Oldenburger Weidelgras, Bastardweidelgras Bildtafel 45, S. 70
Lolium italicum – Italienisches Raygras, Welsches Weidelgras Bildtafel 45, S. 70
Lolium multiflorum – Italienisches Raygras, Welsches Weidelgras Bildtafel 45, S. 70
Lolium multiflorum var. westerwoldicum – Einjähriges Weidelgras Bildtafel 45, S. 70
Lolium remotum – Leinlolch S. 131
Lolium temulentum – Taumellolch S. 131
Lolium perenne – Deutsches Weidelgras Bildtafel 43, S. 68

Milium effusum – Waldflattergras S. 10
Molinia coerulea – Benthalm, Pfeifengras Bildtafel 23, S. 45

Nardus stricta – Bocksbart, Steifes Borstgras Bildtafel 13, S. 35

Panicum Crus-galli – Hühnerhirse Bildtafel 17, S. 39
Panicum filiforme – Faden-Fingerhirse Bildtafel 15, S. 38
Panicum glaucum – Gelbe Borstenhirse Bildtafel 19, S. 40
Panicum italicum – Große Kolbenhirse Bildtafel 20, S. 41
Panicum miliaceum – Rispenhirse Bildtafel 21, S. 42
Panicum sanguinale – Blutfingerhirse Bildtafel 16, S. 38
Panicum viride – Grüne Borstenhirse Bildtafel 18, S. 40
Phalaris arundinacea – Rohrglanzgras Bildtafel 57, S. 82
Phalaris canariensis – Kanariengras Bildtafel 63, S. 90
Phleum nodosum – Zwiebelthimothee Bildtafel 58, S. 83
Phleum pratense – Timothee, Wiesenlieschgras Bildtafel 58, S. 83
Phragmites communis – Schilfrohr Bildtafel 25, S. 47
Poa annua – Jährige Rispe Bildtafel 31, S. 54
Poa Chaixii – Bergrispe S. 48
Poa compressa – Platthalmrispe Bildtafel 29, S. 52
Poa fertilis – Fruchtbare Rispe, Späte Rispe, Sumpfrispe Bildtafel 28, S. 51
Poa nemoralis – Hainrispe Bildtafel 30, S. 53
Poa palustris – Fruchtbare Rispe, Späte Rispe, Sumpfrispe Bildtafel 28, S. 51
Poa pratensis – Wiesenrispe Bildtafel 26, S. 49
Poa pratensis v. angustifolia – Schmalblättrige Wiesenrispe Bildtafel 26, S. 49
Poa pratensis v. latifolia – Breitblättrige Wiesenrispe Bildtafel 26, S. 49
Poa serotina – Fruchtbare Rispe, Späte Rispe, Sumpfrispe Bildtafel 28, S. 51
Poa trivialis – Gemeine Rispe Bildtafel 27, S. 50

Setaria italica – Große Kolbenhirse Bildtafel 20, S. 41
Setaria pumila – Gelbe Borstenhirse Bildtafel 19, S. 40
Setaria viridis – Grüne Borstenhirse Bildtafel 18, S. 40
Sieglingia decumbens – Niederliegender Dreizahn Bildtafel 24, S. 46
Sorgum sudanense – Sudangras Bildtafel 22, S. 43

Triodia decumbens – Niederliegender Dreizahn Bildtafel 24, S. 46
Trisetum flavescens – Goldhafer Bildtafel 5, S. 28
Triticum repens – Echte Quecke, Gemeine Quecke, Quecke Bildtafel 1, S. 24
Triticum repens var. aristatum Bildtafel 1, S. 24

Weingaertneria canescens – Igelgras, Silbergras Bildtafel 10, S. 33

Verzeichnis der deutschen Namen der abgehandelten Gräser mit den Hinweisen auf die entsprechende Bildtafel

(in den Bildunterschriften der Bildtafeln weitere Hinweise)

Ackerfuchsschwanz – *Alopecurus agrestis, Alopecurus myosuroides*	Bildtafel 61, S. 88
Ackerruchgras – *Anthoxanthum aristatum, Anthoxanthum Puelii*	Bildtafel 6/7, S. 29
Ackertrespe – *Bromus arvensis*	Bildtafel 42, S. 66
Aufrechte Trespe – *Bromus erectus*	Bildtafel 37, S. 62
Ausläuferrotschwingel – *Festuca rubra v. genuina*	Bildtafel 48, S. 73
Bastardweidelgras – *Lolium hybridum*	Bildtafel 45, S. 70
Benthalm – *Molinia coerulea*	Bildtafel 23, S. 45
Bergrispe – *Poa Chaixii*	S. 48
Blauer Helm – *Elymus arenarius*	Bildtafel 66, S. 92
Blutfingerhirse – *Digitaria sanguinalis, Panicum sanguinale*	Bildtafel 16, S. 38
Bocksbart – *Nardus stricta*	Bildtafel 13, S. 35
Breitblättrige Wiesenrispe – *Poa pratensis v. latifolia*	Bildtafel 26, S. 49
Burst – *Bromus erectus*	Bildtafel 37, S. 62
Dachtrespe – *Bromus tectorum*	Bildtafel 40, S. 64
Deutsches Weidelgras – *Lolium perenne*	Bildtafel 43, S. 68
Drahtschmiele – *Deschampsia flexuosa, Aira flexuosa*	Bildtafel 14, S. 36
Echte Quecke – *Agropyron repens, Triticum repens*	Bildtafel 1, S. 24
Echtes Weißstraußgras – *Agrostis gigantea*	Bildtafel 52, S. 76
Einjähriges Weidelgras – *Lolium multiflorum var. westerwoldicum*	Bildtafel 45, S. 70
Englisches Raygras – *Lolium perenne*	Bildtafel 43, S. 68
Faden-Fingerhirse – *Digitaria Ischaemum, Panicum filiforme*	Bildtafel 15, S. 38
Fiederzwenke – *Brachypodium pinnatum*	S. 10
Flaumhafer – *Helictotrichon pubescens, Avena pubescens*	Bildtafel 34, S. 57
Flechtstraußgras – *Agrostis stolonifera*	Bildtafel 52, S. 76
Flughafer – *Avena fatua*	Bildtafel 59, S. 85
Flutendes Mannagras – *Glyceria fluitans*	Bildtafel 33, S. 56
Französisches Raygras – *Arrhenatherum elatius, Avena elatior*	Bildtafel 4, S. 27
Fruchtbare Rispe – *Poa palustris, Poa fertilis, Poa serotina*	Bildtafel 28, S. 51
Gelbe Borstenhirse – *Setaria pumila, Panicum glaucum*	Bildtafel 19, S. 40
Gelber Fuchsschwanz – *Alopecurus aequalis, Alopecurus fulvus*	Bildtafel 51, S. 75
Geknieter Fuchsschwanz – *Alopecurus geniculatus*	Bildtafel 50, S. 75
Gemeine Quecke – *Agropyron repens, Triticum repens*	Bildtafel 1, S. 24
Gemeine Rispe – *Poa trivialis*	Bildtafel 27, S. 50
Glatthafer – *Arrhenatherum elatius, Avena elatior*	Bildtafel 4, S. 27
Goldhafer – *Trisetum flavescens, Avena flavescens*	Bildtafel 5, S. 28
Grannenlose Trespe – *Bromus inermis*	Bildtafel 36, S. 61
Große Kolbenhirse – *Setaria italica, Panicum italicum*	Bildtafel 20, S. 41
Grüne Borstenhirse – *Setaria viridis, Panicum viride*	Bildtafel 18, S. 40

Hainrispe – *Poa nemoralis* Bildtafel 30, S. 53
Hohes Mannagras – *Glyceria aquatica, Glyceria maxima* Bildtafel 32, S. 55
Horstrotschwingel — *Festuca rubra v. fallax* Bildtafel 48, S. 73
Hühnerhirse – *Echinochloa Crus-galli, Panicum Crus-galli* Bildtafel 17, S. 39
Hundsstraußgras – *Agrostis canina* Bildtafel 54, S. 78

Igelgras – *Corynephorus canescens, Weingaertneria canescens* Bildtafel 10, S. 33
Italienisches Raygras – *Lolium multiflorum, Lolium italicum* Bildtafel 45, S. 70

Jährige Rispe – *Poa annua* Bildtafel 31, S. 54

Kammgras – *Cynosurus cristatus* Bildtafel 44, S. 69
Kanariengras – *Phalaris canariensis* Bildtafel 63, S. 90
Knaulgras – *Dactylis glomerata* Bildtafel 2, S. 25
Knickfuchsschwanz – *Alopecurus geniculatus* Bildtafel 50, S. 75

Mäusegerste – *Hordeum murinum* Bildtafel 64, S. 91

Niederliegender Dreizahn – *Sieglingia decumbens, Triodia decumbens* Bildtafel 24, S. 46

Oldenburger Weidelgras – *Lolium hybridum* Bildtafel 45, S. 70

Pfeifengras – *Molinia coerulea* Bildtafel 23, S. 45
Platthalmrispe – *Poa compressa* Bildtafel 29, S. 52

Quecke – *Agropyron repens, Triticum repens* Bildtafel 1, S. 24

Rasenschmiele – *Deschampsia caespitosa, Aira caespitosa* Bildtafel 3, S. 26
Raupenförmige Beckmannie – *Beckmannia eruciformis* Bildtafel 62, S. 89
Rispenhirse – *Panicum miliaceum* Bildtafel 21, S. 42
Roggengerste – *Hordeum secalinum* Bildtafel 65, S. 91
Rohrglanzgras – *Phalaris arundinacea* Bildtafel 57, S. 82
Rohrschwingel – *Festuca arundinacea* Bildtafel 47, S. 72
Rotschwingel – *Festuca rubra* Bildtafel 48, S. 73
Rotstraußgras – *Agrostis tenuis, Agrostis vulgaris* Bildtafel 53, S. 77

Salzweißstraußgras – *Agrostis alba v. maritima* Bildtafel 52, S. 76
Sandhafer – *Avena strigosa* Bildtafel 59, S. 85
Sandquecke – *Agrostis tenuis, Agrostis vulgaris* Bildtafel 53, S. 77
Sandrohr – *Calamagrostis epigeios* Bildtafel 56, S. 80
Schafschwingel – *Festuca ovina* Bildtafel 11/12, S. 34
Schilfrohr – *Phragmites communis, Arundo phragmites* Bildtafel 25, S. 47
Schillergräser – *Koeleria*-Arten S. 10
Schmalblättrige Wiesenrispe – *Poa pratensis v. angustifolia* Bildtafel 26, S. 49
Schmalblättriges Reitgras – *Calamagrostis lanceolata, Calamagrostis canescens* Bildtafel 55, S. 79
Silbergras – *Corynephorus canescens, Weingaertneria canescens* Bildtafel 10, S. 33
Späte Rispe – *Poa palustris, Poa fertilis, Poa serotina* Bildtafel 28, S. 51
Steifes Borstgras – *Nardus stricta* Bildtafel 13, S. 35
Strandgerste – *Elymus arenarius* Bildtafel 66, S. 92
Strandhafer – *Ammophila arenaria* Bildtafel 67, S. 93

Strandroggen – *Elymus arenarius* Bildtafel 66, S. 92
Sudangras – *Sorgum sudanense* Bildtafel 22, S. 43
Sumpfrispe – *Poa palustris, Poa fertilis, Poa serotina* Bildtafel 28, S. 51

Taube Trespe – *Bromus sterilis* Bildtafel 41, S. 65
Timothee – *Phleum pratense* Bildtafel 58, S. 83
Traubentrespe – *Bromus racemosus* Bildtafel 39, S. 63
Trifthafer – *Avena pratensis, Helictotrichon pratense*

Waldflattergras – *Milium effusum* S. 10
Waldzwenke – *Brachypodium silvaticum* S. 10
Wehrlose Trespe – *Bromus inermis* Bildtafel 36, S. 61
Weiche Trespe – *Bromus mollis, Bromus hordeaceus* Bildtafel 38, S. 63
Weiches Honiggras – *Holcus mollis* Bildtafel 8, S. 30
Weißstraußgras – *Agrostis alba* Bildtafel 52, S. 76
Welsches Weidelgras – *Lolium multiflorum, Lolium italicum* Bildtafel 45, S. 70
Wiesenfuchsschwanz – *Alopecurus pratensis* Bildtafel 49, S. 74
Wiesengerste – *Hordeum secalinum* Bildtafel 65, S. 91
Wiesenhafer – *Avena pratensis, Helictotrichon pratense* S. 48
Wiesenlieschgras – *Phleum pratense* Bildtafel 58, S. 83
Wiesenrispe – *Poa pratensis* Bildtafel 26, S. 49
Wiesenruchgras – *Anthoxanthum odoratum* Bildtafel 6/7, S. 29
Wiesenschwingel – *Festuca pratensis, Festuca elatior* Bildtafel 46, S. 71
Wildhafer – *Avena fatua* Bildtafel 60, S. 87
Windhalm – *Apera-spica venti, Agrostis spica-venti* Bildtafel 59, S. 85
Wollgräser – *Eriophorum*-Arten S. 99
Wolliges Honiggras – *Holcus lanatus* Bildtafel 9, S. 31

Zittergras – *Briza media* Bildtafel 68, S. 94
Zwiebelthimothee – *Phleum nodosum* Bildtafel 58, S. 83

Erster Teil

DIE ERKENNUNG DER LANDWIRTSCHAFTLICH WICHTIGEN GRÄSER IN WORT UND BILD

A. Vorbemerkungen über die Bestimmungsmerkmale der Gräser

I. Vorbemerkungen über die Merkmale zur Bestimmung der Gräser im blütenlosen Zustande

Bei der Bestimmung der Gräser im blütenlosen Zustande stehen die *Blätter*, die *Blatttriebe* und die *Wuchsform* zur Verfügung.

1. Das Grasblatt

Unsere Gruppeneinteilung erfolgt ausschließlich nach Blattmerkmalen. Deshalb ist es unerläßlich, sich zunächst mit dem Aufbau eines Grasblattes vertraut zu machen. Am einfachsten wählt man dazu solche Gräser aus, die leicht greifbar sind und an denen alle Teile, auf die es ankommt, sich leicht studieren lassen. Wir wählen das *Knaulgras* und die *Echte Quecke*, und zwar nicht Halmblätter, weil diese ja im blütenlosen Zustande nicht zur Verfügung stehen und manchmal auch etwas anders gestaltet sein können als die Blätter der ungeschoßten Blatttriebe, auf die es uns ankommt.

INSTRUKTIONSTAFEL SEITE 3: KNAULGRASBLATT, QUECKENBLATT

Das Grasblatt besteht also in seinem unteren Teil aus der *Blattscheide* und in seinem oberen Teil aus der *Blattspreite.* Die Blattscheide beginnt mit dem *Blattknoten* (den man fälschlicherweise auch als Halmknoten bezeichnet), umgibt die jüngeren Blätter zweischneidig (Knaulgras) oder röhrigrund (Quecke), geht dann seitwärts auslegend in die Blattspreite über. Der meist andersfarbige Übergang von Blattscheide zu Blattspreite wird als *Blattgrund* bezeichnet. Das *Blatthäutchen* ist eine Fortsetzung der häutigen Innenauskleidung der Blattscheide, das *Blattöhrchen* ein Fortsatz des Blattgrundes. Auf den Zeichnungen ist außer dem entfalteten Blatt auch noch das nächst jüngere *unentfaltete Blatt* gezeichnet. Es ist in dieser *Knospenlage* entweder *gefaltet* (Knaulgras) oder *gerollt* (Quecke).

Alle diese Teile des Grasblattes geben wichtige Unterscheidungsmerkmale ab. Meist wird die Knospenlage des jüngeren Blattes, also ein Blatttriebmerkmal, als Hauptunterscheidungsmerkmal gewählt. Dieses Vorgehen ist aber falsch. Bei vielen Gräsern (ganz besonders bei den Borstblättrigen) ist nämlich die Knospenlage sehr schwer festzustellen. Schon beim ersten Schritt kommt man also leicht in die Irre und läßt dann die Gräserbestimmung auf sich beruhen, mit wieviel Begeisterung man zunächst auch

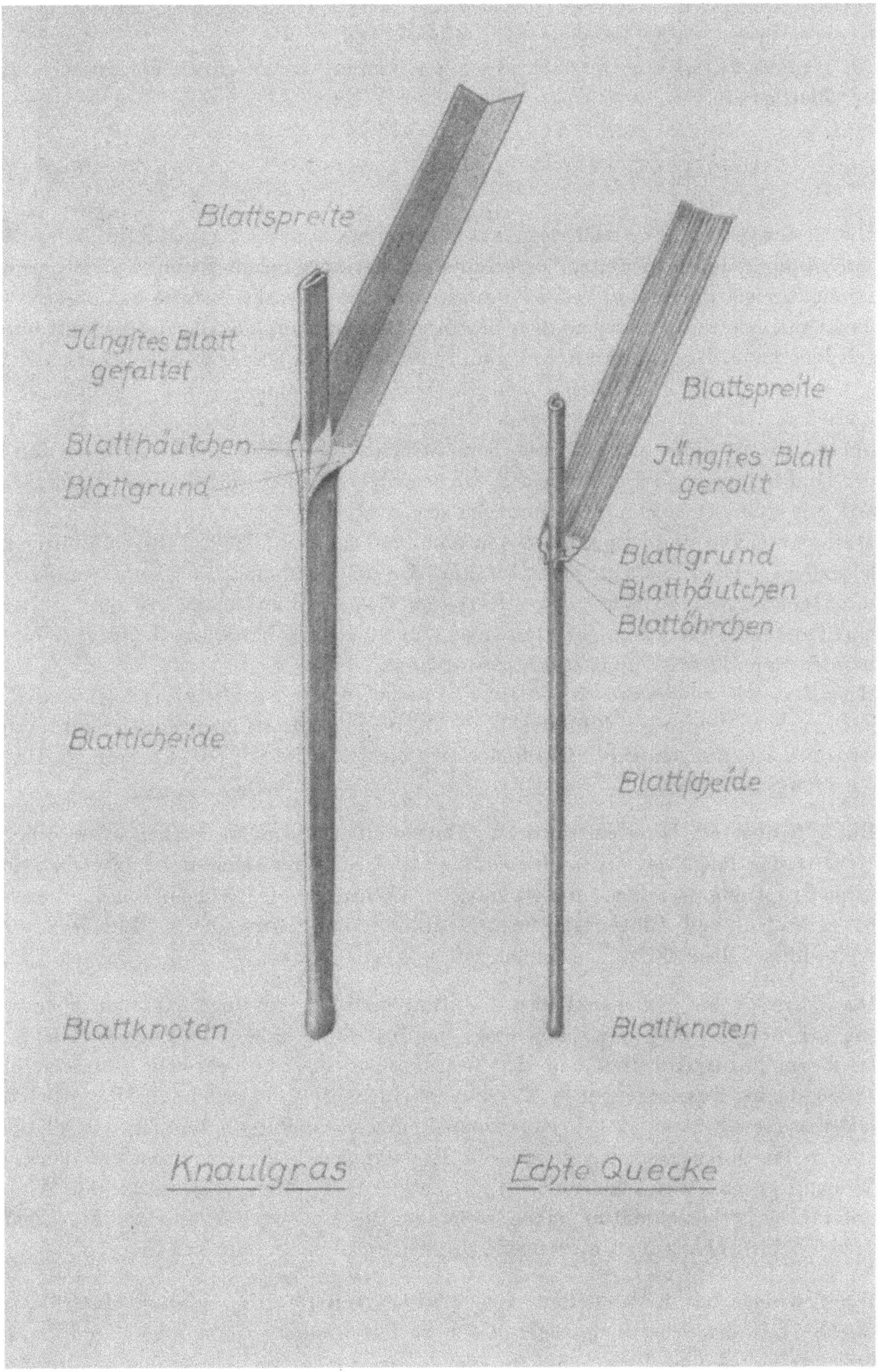
Blattspreite
Jüngstes Blatt gefaltet
Blatthäutchen
Blattgrund
Blattscheide
Blattknoten
Blattspreite
Jüngstes Blatt gerollt
Blattgrund
Blatthäutchen
Blattöhrchen
Blattscheide
Blattknoten
Knaulgras
Echte Quecke

herangegangen sein mag. Wir ziehen dieses Merkmal nur zur Unterteilung gewisser Gruppen heran, wo Fehlschlüsse nicht möglich sind.
Als Hauptmerkmal zur Unterscheidung der Gruppen benutzen wir die Ausgestaltung der Blattspreite.

INSTRUKTIONSTAFELN SEITE 5, 7 UND 9: DIE 8 GRUPPEN NACH BLATTMERKMALEN

Die **2. Gruppe der Borstblättrigen** hat sehr schmale, unter 1 mm breite, borstig zusammenliegende Blattspreiten. Es gehören nur Igelgras, Schafschwingel, Borstgras und Drahtschmiele dazu. Die Vergrößerungen auf der Instruktionstafel S. 5 zeigen, wie leicht man sie voneinander an dem Blatthäutchen und an dem Blattquerschnitt unterscheiden kann. Das Blatthäutchen vom Igelgras ist sehr lang, das vom Schafschwingel extrem kurz und undeutlich, Borstgras und Drahtschmiele haben deutliche Blatthäutchen, das von der Drahtschmiele ist an der Spitze etwas eingekerbt. Der Blattquerschnitt ist beim Igelgras rund, beim Schafschwingel oval, beim Borstgras und bei der Drahtschmiele 6eckig. Typische Unterschiede weist auch die Blattspreitenoberfläche auf, wie es die Querschnittszeichnungen zeigen.
Man verwechsle diese Borstblättrigen nicht mit anderen Gräsern, deren Blätter insbesondere bei Trockenheit borstig gefaltet oder eingerollt sind. Bei allen diesen Gräsern wie Hundsstraußgras, Wiesenrispe, Gemeiner Rispe und vielen anderen sind die Blattspreiten breiter als 1 mm, auch lassen sie sich ohne große Mühe auseinanderfalten, was bei den Borstblättrigen nur sehr schwer gelingt.
Besonders leicht verwechselt werden können allerdings Schafschwingel (Bildtafel 11, S. 34) und Rotschwingel (Bildtafel 48, S. 73). Beide kommen noch dazu in sehr vielen Abarten vor. Auf den Bildtafeln finden sich die Hinweise auf die stichhaltigen Unterscheidungsmerkmale.

Die **3. Gruppe der Hirseblättrigen** hat Blattspreiten mit einem weißen oder rötlichen Hautstreifen längs der Mitte (Instruktionstafel S. 7). Es gehören in unserem Lande keine Grünlandgräser dazu, sondern nur die Ackerunkräuter: Grüne und Gelbe Borstenhirse, Faden- und Blutfingerhirse und Hühnerhirse, sowie die Feldfutterpflanzen: Kolbenhirse, Rispenhirse und Sudangras.

Die **5. Gruppe** hat **Schienenblätter**, d. h. Blattspreiten, die ungerieft sind, aber zwei eng nebeneinanderliegende Rillen längs der Mittellinie haben (Instruktionstafel S. 7). In diesen beiden Rillen finden sich Gelenkzellen, das sind glashelle, wassergefüllte Zellen, die bei Wassermangel ein Zusammenklappen der beiden Seitenhälften bewirken. Meist ist diese Schiene als hellgrüne Doppellinie ohne weiteres erkennbar, auf alle Fälle aber in der Durchsicht. Es gehören alle Rispengräser (Poa-arten) dazu, von denen die Wiesenrispe am wichtigsten ist, sie ist eine unserer besten Dauerweidegräser und Wiesenuntergräser. Schienenblätter haben außerdem die Mannagräser und der Flaumhafer, dessen Schienenblatt im Unterschiede zu allen anderen behaart ist.

Die **7. Gruppe** hat **Riefenblätter**, d. h. deutlich geriefte Blattspreiten (Instruktionstafel S. 7). In den erhabenen Riefen liegen die Gefäßbündel. Diese Riefen sind am ausgeprägtesten bei der Rasenschmiele, aber dieses weitverbreitete schlimme Grünland-

Gruppe 2
Horstgräser mit Borstblättern
Schafschwingel
Jgelgras
Schafschwingel
Borstgras
Drahtschmiele

unkraut wird in der ersten Gruppe der Leichtkenntlichen vorher abgetan. Zu dieser 7. Gruppe der Riefenblättrigen gehören die Weidelgräser, die Schwingelgräser, die Straußgräser, die Fuchsschwanzgräser, also viele unserer wichtigsten Grünlandgräser. Die **8. Gruppe** hat **ungeriefte Blätter** (Instruktionstafel S. 7). Im Grunde genommen gehört außer dem Knaulgras, das in der ersten Gruppe der Leichtkenntlichen vorweggenommen wird, nur das Rohrglanzgras dazu. Aber auch das zwar geriefte, aber doch nur undeutlich geriefte Wiesenlieschgras, den Timothe, bringen wir hier unter.

Außer der Ausgestaltung der Blattspreitenoberfläche ziehen wir bei der Gruppenbildung in einem Falle (bei der 4. Gruppe der Haarkranzblättrigen) das Blatthäutchen heran und in einem Falle (bei der 6. Gruppe der Trespenblättrigen) ein Blattscheidenmerkmal, und zwar die auffällige Geschlossenheit der Blattscheide (Instruktionstafel S. 7).

Die Blatthäutchen sind zwar so verschiedenartig gestaltet, daß wir die jeweilige Ausgestaltung immer wieder als Unterscheidungsmerkmal innerhalb der Gruppen heranziehen. Aber als Gruppenmerkmal benutzen wir nur das Fehlen des Blatthäutchens, oder vielmehr dessen Ersatz durch einen Haarkranz. *Schilfrohr*, *Pfeifengras* und *Dreizahn* sind dadurch so auffällig und eindeutig charakterisiert, daß wir sie in einer besonderen, der **4. Gruppe der Haarkranzblättrigen** zusammenfassen. Wohl haben auch einige Hirsegräser einen Haarkranz anstelle des Blatthäutchens, oder es fehlt wie bei der Hühnerhirse sogar gänzlich, aber sie sind durch das Hirseblatt noch auffälliger gekennzeichnet, so daß wir sie schon in der 3. Gruppe der Hirseblättrigen abgetan haben.

Ähnlich, aber noch ausgeprägter ist es mit der Geschlossenheit der Blattscheide. Gewisse Gräser der ersten 5 Gruppen haben geschlossene Blattscheiden, aber sie sind durch die Merkmale ihrer Gruppe noch auffälliger gekennzeichnet und schon dort untergebracht. Es verbleiben dann als *Gräser mit auffällig geschlossener Blattscheide* in der **6. Gruppe der Trespenblättrigen** nur alle unsere Trespengräser.

Man hat also sich zunächst zu vergewissern, ob ein bestimmtes Gras zur *ersten Gruppe der Leichtkenntlichen* gehört. Diese muß man sich alle genau einprägen. Dazu wurde die Instruktionstafel S. 9 geschaffen mit der Abbildung der acht als leichtkenntlich herausgestellten Gräser. Zum besseren Studium sind auf der gegenüberstehenden Seite 8 die Hauptmerkmale auch im Wort festgehalten. Sonst hat man nur zu entscheiden, ob das Gras zu den *Borstblättrigen*, den *Hirseblättrigen*, den *Schienenblättrigen*, den *Riefenblättrigen* oder den *Ungerieftblättrigen* gehört und dann noch darauf zu achten, ob nicht ein Gras vorliegt, das einen *Haarkranz anstelle des Blatthäutchens* hat oder ein *Trespenblatt* mit auffällig geschlossener Blattscheide, und die Gruppe ist bestimmt.

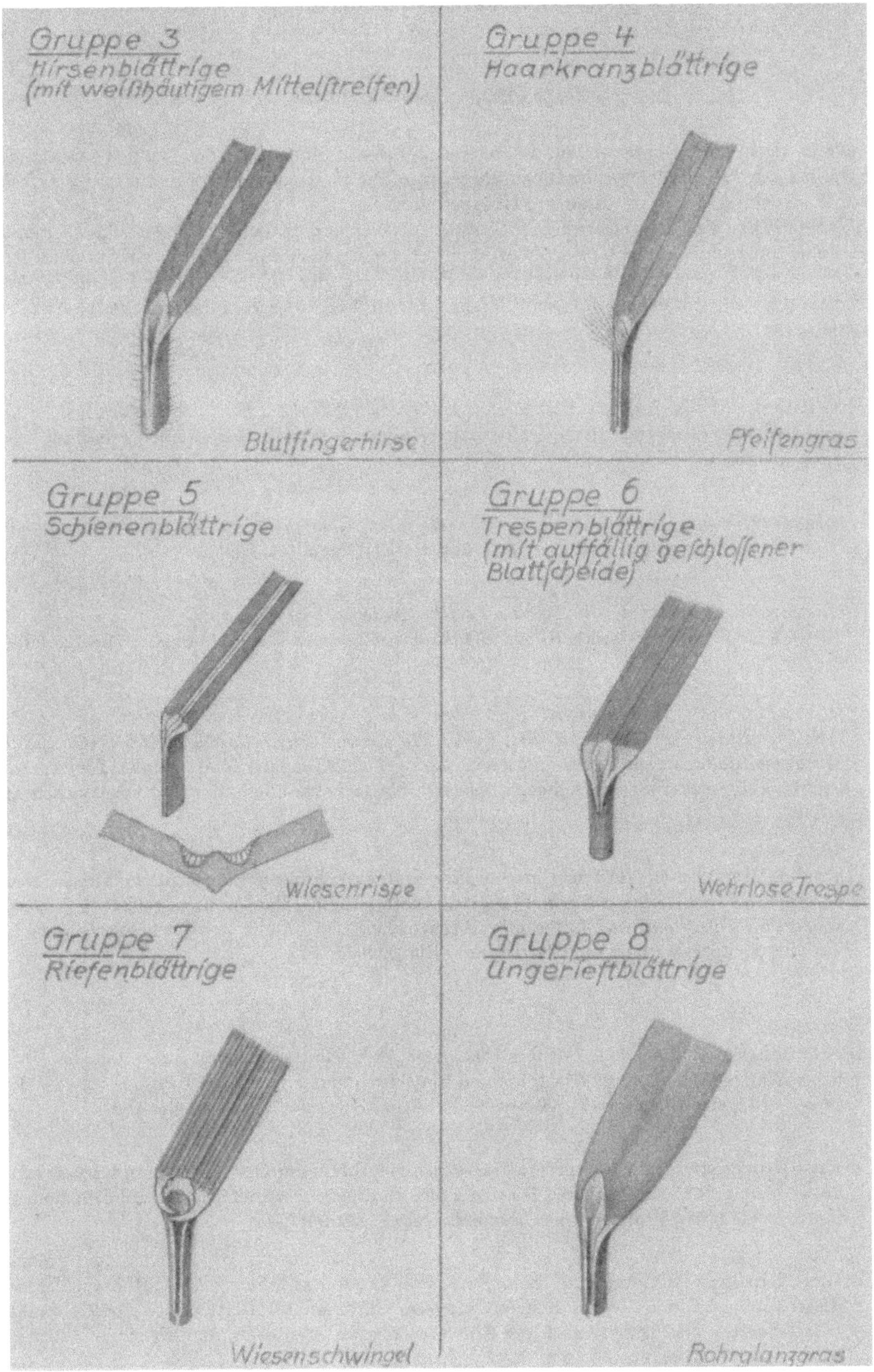
Gruppe 3
Hirsenblättrige
(mit weißhäutigem Mittelstreifen)
Blutfingerhirse
Gruppe 4
Haarkranzblättrige
Pfeifengras
Gruppe 5
Schienenblättrige
Wiesenrispe
Gruppe 6
Trespenblättrige
(mit auffällig geschlossener
Blattscheide)
Wehrlose Trespe
Gruppe 7
Riefenblättrige
Wiesenschwingel
Gruppe 8
Ungerieftblättrige
Rohrglanzgras

Erläuterungen zur Instruktionstafel S. 9

Erste Gruppe: **Leichtkenntliche**

Es wurde schon darauf hingewiesen, daß in einem gewissen Sinne alle Gräser zu den Leichtkenntlichen gehören. Wir haben es aber doch vorgezogen, die meisten in Gruppen zusammenzufassen nach einem einfachen, sehr auffälligen Gruppenmerkmal.
Nur acht Gräser sind den eigentlichen Gruppen als Leichtkenntliche vorangestellt. Es handelt sich dabei um recht häufige Gräser. Man muß sich diese genau einprägen, vor allem aber deren *Hauptmerkmale*: diese seien hier deshalb in Erläuterung der Bilder auf der Instruktionstafel S. 9 herausgestellt, ergänzend folgen in Klammern zur Vergewisserung einige sonstige Angaben.

Echte Quecke (Ausläufergras): *Blattöhrchen krallig, derb. Blatthäutchen kurz, gerade abgeschnitten, fein gezähnelt.* (Jüngstes Blatt gerollt, Blätter schwach gerieft, Behaarung wechselnd, Blattscheide offen.)

Knaulgras (Horstgras): *Blattscheide zweischneidig platt, Blattspreite nur mit einer scharf gekielten Mittelrinne, Blatthäutchen groß, weiß.* (Jüngstes Blatt gefaltet, Blätter kahl.)

Rasenschmiele (Horstgras): *Blattspreite 7 starke, gezähnte, rückwärts rauhe Riefen. Zwischen den Riefen 6 weiß durchscheinende Rillen. Blatthäutchen lang und derb.* (Jüngstes Blatt gefaltet.)

Glatthafer (Horstgras): *Hohes, weißes, in der Mitte etwas emporgezogenes, stark gezähneltes bis gefranstes Blatthäutchen, Blätter unterseits stark gekielt.* (Jüngstes Blatt gerollt, Blattspreiten gerieft, kahl oder oberseits schwach behaart, Blattscheide offen, Blatthaltung typisch aufrecht.)

Goldhafer (Horstgras): *Nicht sehr großes, aber deutliches, kragenförmiges Blatthäutchen, gerade abgeschnitten und fein gezähnelt.* (Jüngstes Blatt gerollt, Blattspreiten gerieft, gekielt besonders am Übergang von Blattspreite zu Blattscheide, mehr oder weniger behaart, besonders auffällig abstehend meist die Blattscheide. Blattscheide offen.)

Wiesenruchgras (Horstgras): *Bärtiger Blattgrund*, d. h. Blattgrund mit Haarbüscheln. (Deutliches Blatthäutchen, kurze Blattöhrchen, Blattspreiten auch nach der Basis zu verschmälert, gerieft. Jüngstes Blatt gerollt. Blattscheide offen. Mehr oder weniger behaart.)

Weiches Honiggras (Ausläufergras): *Blattknoten* ringsherum *behaart*, die Haare typisch *schräg nach unten* gerichtet. (Jüngstes Blatt gerollt, Blattspreite gerieft, kurz und fein behaart, Blattscheide offen, Blatthäutchen ziemlich groß, gezähnelt.)

Wolliges Honiggras (Horstgras): *Blattscheide mit rotviolett gefärbten Adern.* (Hohes, gefranstes Blatthäutchen ähnlich wie Glatthafer, jüngstes Blatt gerollt, Blattspreite gerieft, *sammetartig behaart*, stark gekielt, nach der Spitze zu oft am breitesten, ähnlich einem Blatt von Spitzwegerich, Blattscheide offen, auch behaart.)

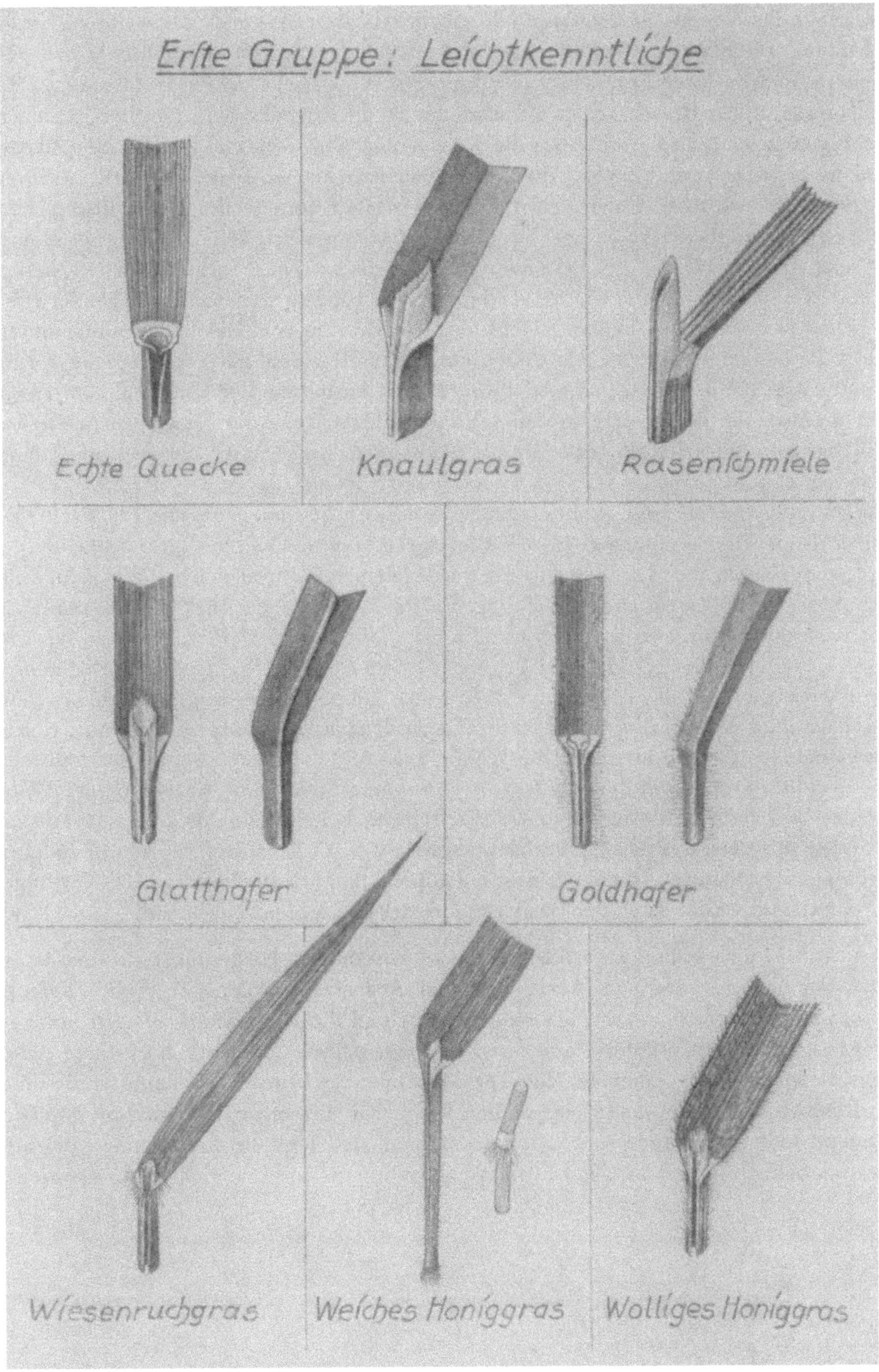
Erste Gruppe: Leichtkenntliche
Echte Quecke
Knaulgras
Rasenschmiele
Glatthafer
Goldhafer
Wiesenruchgras
Weiches Honiggras
Wolliges Honiggras

Innerhalb der Gruppe dienen dann alle möglichen Blattmerkmale zur weiteren Unterscheidung. Die Blattspreiten differieren nicht nur in der Ausgestaltung ihrer Oberfläche, sondern auch in ihrer Form, in ihrer Breite, in ihrer Dicke, in ihrer Haltung, in der Behaarung, in der Bekielung. Es differieren auch die Blattöhrchen, die Blatthäutchen, die Blattscheiden, und es differiert die Knospenlage der noch nicht entfalteten Blätter und noch vieles andere mehr. Auf die Einzelheiten hier einzugehen, würde nur verwirren. Alles wichtige findet sich auf den Bildtafeln und in der Beschriftung. Hingewiesen sei an dieser Stelle nur darauf, daß man vorsichtig sein muß bei der Heranziehung der Behaarung zur Bestimmung der Gräser. Diese wechselt sehr nach dem Standort und auch nach der Varietät. Bei der Züchtung sucht man naheliegenderweise, unbehaarte Formen auszulesen. So fehlt den Zuchtsorten von Glatthafer und Goldhafer meist die Behaarung, die bei den wilden Formen als Merkmal mit herangezogen werden konnte. Alle Trespenblättrigen sind übrigens mit Ausnahme der Grannenlosen Trespe behaart und alle Riefenblättrigen und Ungerieftblättrigen kahl. Gewiß gibt es riefenblättrige oder ungerieftblättrige Gräser, die behaart sind wie die Trespen, die Honiggräser u. v. a. m., aber sie fallen in die vorhergehenden Gruppen.
Hingewiesen werden muß an dieser Stelle auch noch besonders auf die Blattform. Bei den meisten Arten verjüngen sich die Blattspreiten allmählich nach der Spitze zu, bei einigen verlaufen die Ränder mehr oder weniger parallel, um dann plötzlich in einer kahnförmigen Spitze zu enden, bei einigen aber verjüngen die Blattspreiten sich nicht nur nach der Spitze, sondern auch nach der Basis zu. Diese Merkmale dienen uns hier nur zur weiteren Unterteilung der Gruppen. Hätten wir die Waldgräser mitbehandelt, so würden wir wohl die Blattform zur Gruppenbildung mit herangezogen haben. Das Zwenkenblatt ist auffällig nach der Spitze und nach der Basis zu verjüngt. Solche Zwenkenblätter haben nicht nur die Waldzwenke und die Fiederzwenke, sondern auch das Waldflattergras und die Schillergräser. Wenn auch alle mit Ausnahme der Waldzwenke und des Waldflattergrases landwirtschaftlich nicht ohne jede Bedeutung sind, so haben wir doch auf ihre Einbeziehung verzichtet. Bei dem auf schlecht gedüngtem Grünland sehr häufigen Ruchgras, das zu den Leichtkenntlichen zählt, ist das Verjüngen der Blattspreite auch nach der Basis zu eines der Erkennungsmerkmale.

In einer **9. Gruppe** haben wir schließlich einige Unkrautgräser, die nicht auf dem Grünland, sondern nur auf dem Acker oder am Ackerrain vorkommen, wie *Wildhafer*, *Windhalm*, *Ackerfuchsschwanz* zusammengefaßt und die *Beckmannie*, die nur auf Versuchsparzellen anzutreffen ist und das *Kanariengras*, das gelegentlich auf dem Acker angesät wird, hinzugenommen. Zur Vervollständigung bringen wir dann zum Schluß noch einige Arten, die landwirtschaftlich kaum von Interesse sind, aber an Straßenrändern oder am Strande so häufig vorkommen, daß man sie wohl kennen möchte; hier am Schluß, außerhalb des Bestimmungssystems werden sie nicht mehr verwirren.

2. Der Blatttrieb

Jedes Gras hat zunächst halmlose Blatttriebe, die Knoten sind noch eng übereinander am Grunde gehäuft. Sie verbleiben aber bei vielen Blatttrieben nicht am Grunde gehäuft, sondern die Internodien strecken sich, es kommt nach dem Blattschossen zum Halmschossen, zum Treiben von Halmen.

Bei den einjährigen und überjährigen Arten kommt es bei fast allen Blatttrieben zur Blütenhalmbildung. Dieses Strecken der Internodien findet oft erst spät statt. So war — um ein einfaches, sehr instruktives Beispiel zu nennen — der Bernburger Futterroggen in dem Jahre 1960 mit dem späten Frühjahrsbeginn, bei uns in Paulinenaue am 22. April schon über 50 cm hoch und brachte 120 dz/ha Grünfutter, so daß wir mit dem Zufüttern beginnen konnten, aber er hatte um diese Zeit ausschließlich Blatttriebe. Ein Schossen von Halmen, eine Streckung der Internodien, eine Halmbildung hatte noch nicht stattgefunden.

Es gibt andere Blatttriebe, die zwar zum Halmschossen kommen, aber keine Blütenhalme, sondern Blatthalme treiben. Solche Blatthalme kommen besonders häufig bei der Wehrlosen Trespe und dem Rohrglanzgras vor. Der zweite Schnitt unserer Rohrglanzgraswiese in Paulinenaue ist fast ebenso halmig wie der erste Schnitt, obwohl Blütenhalme kaum darunter sind. Auch die Quecke und der Glatthafer treiben neben Blütenhalmen auch Blatthalme.

Es gibt schließlich Blatttriebe, die weder zur Blütenhalm- noch zur Blatthalmbildung kommen. Bei Untergräsern sind solche Blatttriebe besonders häufig.

Wenn hier von Blatttrieben gesprochen wird, sind alle drei Arten gemeint. Auf das spätere Verhalten wird gegebenenfalls in den Beschriftungen der Bildtafeln hingewiesen.

Ein wichtiges Blatttriebmerkmal wurde bereits erwähnt, die Knospenlage des noch nicht vollentfalteten Blattes, die gerollt sein kann oder gefaltet. Ein weiteres, sehr beachtliches Blatttriebmerkmal ist die Form des Triebgrundes, er kann mehr rund oder mehr zweischneidig platt sein. Diese Triebgrundform kann zwar auch schon an einer einzelnen Blattscheide erkannt werden, aber doch viel besser an den ineinandergeschachtelten Scheiden, die den Triebgrund ausmachen. Knospenlage und Triebgrundform sind besonders deutlich zu erkennen, wenn man einen Querschnitt durch den oberen Teil des Triebgrundes macht.

Beachtung verdient auch die Wuchsrichtung der Blatttriebe, ob mehr aufrecht oder mehr waagerecht.

Von größter Bedeutung ist aber die Blattstellung der Blatttriebe. Alle Süßgräser haben eine *zweizeilige Blattstellung*, die Sauergräser dagegen eine *dreizeilige Blattstellung*. Das ist das einzige brauchbare Unterscheidungsmerkmal von *Süß-* und *Sauergräsern* im blütenlosen Zustande.

INSTRUKTIONSTAFEL S. 13: ROHRGLANZGRAS MIT ZWEIZEILIGER BLATTSTELLUNG, SUMPFSEGGE MIT DREIZEILIGER BLATTSTELLUNG

Die *Sauergräser*, zu denen außer den *Seggen* auch die *Simsen* und die *Wollgräser* gehören, zeigen nicht alle Nässe an. Wenn man das Grünland richtig beurteilen will, muß man sich also unter diesen Sauergräsern etwas auskennen. Ich verweise auf die Sauergras-

bestimmungstabelle nach Blattmerkmalen im Anhang. Die 30 wichtigsten Grünlandsauergräser nach diesen Angaben zu bestimmen, dürfte nicht schwer fallen.
Süßgrasähnliche Blätter haben außer den Sauergräsern auch noch einige *Binsen*, nicht die allgemein bekannten großen *Bültbinsen*, die stellenweise zu den schlimmsten Grünlandunkräutern gehören und *röhrig zylindrische Binsenblätter* haben, auch nicht eine Reihe von *Ausläuferbinsen*, die auf dem Grünlande wichtige Anzeiger sind und durch gegliederte, *knotige Binsenblätter* gekennzeichnet sind, sondern gewisse Binsen mit flachen, ausgebreiteten Blättern, die *grasblättrigen Binsen*, deren grasähnliche Blätter noch dazu eine zweizeilige Blattstellung haben.
Im Anhang werden ähnlich wie die Sauergräser auch alle landwirtschaftlich bedeutsamen Binsen und Hainbinsen so weit vorgeführt, daß der Landwirt sich auch hier zurechtfindet.

3. *Die Wuchsform*

Je nach der Wuchsform unterscheiden wir *Horstgräser* und *Ausläufergräser*. Die jeweilige Wuchsform ist ein wichtiges Unterscheidungsmerkmal. In einem Falle ist die Wuchsform sogar Gruppenmerkmal. Die zweite Gruppe sind Horstgräser mit Borstblättern. Nur in Ausnahmefällen haben wir die Wuchsform zeichnerisch dargestellt. Wir begnügen uns mit entsprechenden Hinweisen in den Bildunterschriften, die bei der Bestimmung der Gräser unbedingt zu beachten sind. Sie sind deshalb auch in besonders auffälligem Druck wiedergegeben.
Alle einjährigen und überjährigen Arten sind Horstgräser. Nach der Keimung entwickelt sich ein Blatttrieb, der sich nach Erscheinen des 3. und 4. Blattes bestockt, also seitliche Blatttriebe treibt, die sich wiederum bestocken können. Diese Bestockung geht an den untersten Knoten vor sich, die auch später beim Halmschossen am Grunde gehäuft verbleiben, die Streckung der Internodien betrifft nur die darüberliegenden Knoten. Alle Blatttriebe der einjährigen und überjährigen Arten kommen gewöhnlich zum Halmschossen, die überjährigen nur, wenn sie vor Winter gekeimt waren, sie werden zu Blütenhalmtrieben. Man findet also keine Blatttriebe neben den Blütenhalmtrieben, was als Erkennungsmerkmal mit benutzt werden kann. Allerdings darf das nicht zu wörtlich genommen werden. Die Stoppel des Körnerhafers treibt häufig noch Blatttriebe und der bei der Grünfutterreife, das heißt beim Sichtbarwerden der Grannen gemähte Grünfutterroggen, bildet noch recht wüchsige Blatttriebe und der im Frühjahr gesäte Winterroggen, der ja nicht zum Halmschossen kommt, weil der Jarovisationseffekt fehlt, bildet nach dem Abweiden immer wieder neue Blatttriebe, die aber doch nicht stark genug sind, die überjährige Pflanze mehrjährig zu machen. Bei den Horstgräsern, die nicht zu den einjährigen und überjährigen gehören, finden sich also neben den Halmtrieben immer noch solche Blatttriebe, die das Gras zu einem mehrjährigen, vieljährigen oder ausdauernden machen.
Wichtig bei den ausdauernden Horstgräsern ist weiter, wie die Triebe aneinandergereiht sind, besonders typisch ist der brettartige Aufbau der Horste des Borstgrases. Ein sehr sicheres Unterscheidungsmerkmal ist auch, ob der Seitentrieb die Scheide des Blattes, in deren Achsel er entsteht, durchbricht oder innerhalb der Scheide wächst.

Süßgras (Rohrglanzgras)
Zweizeilige Blattstellung
Sauergras (Sumpfsegge)
Dreizeilige Blattstellung

Im ersten Falle spricht man von extravaginalen, im zweiten Falle von intravaginalen Blatttrieben. Extravaginal sind im allgemeinen die Ausläufer der Ausläufergräser und intravaginal oft die Triebe der Horstgräser und oft auch die Bestockungstriebe der Ausläufergräser. Aber das ist nicht durchweg der Fall. Wir bedürfen dieses Merkmales zur Erkennung der Gräser im allgemeinen nicht. Deshalb wird auch nur gegebenenfalls in den Bildunterschriften auf dieses Merkmal hingewiesen.

Bei den *Ausläufergräsern* gibt es solche mit *oberirdischen* Ausläufern und solche mit *unterirdischen* Ausläufern und auch solche mit beiden Ausläuferformen. Alle Ausläufer der Gräser und auch der Sauergräser sind Stengelausläufer. Wurzelausläufer, wie sie etwa die Ackerdistel besitzt, gibt es bei den Gräsern nicht, es handelt sich also um durch Knoten gegliederte oberirdische oder unterirdische Halmtriebe.

Nun ist es nicht immer sehr einfach, ohne weiteres zu entscheiden, ob es sich um ein Ausläufer- oder Horstgras handelt. Denn im Grunde genommen ist nur ein gradueller Unterschied vorhanden, das Horstgras hat sehr kurze Ausläufer, Kurztriebe, die Glieder sind sehr kurz, kürzer als breit, Knoten liegt neben Knoten, während die Ausläufergräser lange Ausläufer haben, Langtriebe, die Glieder sind lang, länger als breit, zwischen den Knoten liegen mehr oder weniger lange Internodien. In extremen Fällen ist die Entscheidung leicht, aber in anderen Fällen bedarf es doch einer genauen Untersuchung, zumal die Kurztriebe der Horstgräser unter bestimmten Bedingungen zu längeren Trieben auswachsen können. Am besten ist es, man sticht eine Rasensode aus und untersucht diese genau. Das ist auch schon deshalb zu empfehlen, weil man damit typische Ausläufermerkmale bei der Bestimmung mit heranziehen kann. So ist die Wiesenrispe gegenüber allen anderen Rispen durch die 1 mm starken drahtigen unterirdischen Ausläufer ausgezeichnet. Bei den Bildunterschriften ist der nähere Charakter der Wuchsform möglichst spezifiziert wiedergegeben. *Dichthorstig* ist das Knaulgras, *lockerhorstig* das Deutsche Weidelgras, *sehr kurze Ausläufer* hat der Wiesenfuchsschwanz, *längere* die Wiesenrispe, *sehr lange* die Quecke, *noch längere* und vor allem dickere, daumendicke das Schilfrohr.

Man könnte schließlich noch die *Wurzeln* oder besser die Bewurzelung zur Bestimmung der Gräser mit heranziehen. Die Abteilung unseres Institutes, die sich besonders eingehend mit der Untersuchung der Wurzeln befaßt, hat sehr viele typische Wurzelmerkmale herausgearbeitet. Aber auf Wurzeleigentümlichkeiten soll nur gelegentlich, weniger zur Erkennung des Grases, sondern mehr zur Erfassung des Wesens des Grases, hingewiesen werden. Die auffällig rote Färbung der Wurzeln ist bei einer Reihe von Sauergräsern ein wichtiges Erkennungsmerkmal, bei den Süßgräsern sind so auffällige Färbungen nicht vorhanden, ausgesprochen gelb sind die Wurzeln des Glatthafers.

Der Anfänger verfällt, das kann man immer wieder feststellen, leicht in den Fehler, ein Blattspreitenstück abzureißen und sich, aber noch lieber andere zu fragen, welches Gras das wohl sein mag. Man sollte mindestens *einen Blatttrieb*, besser aber *mehrere Blatttriebe* zur Untersuchung heranziehen und noch besser eine *ganze Rasensode*, schon um die Wuchsform studieren zu können. Die Rasensodenmethode ist übrigens auch bei der genaueren Untersuchung von Grünland unentbehrlich. Man gewöhne sich von Anfang an also an die unentbehrliche Rasensodenmethode.

II. Über die Merkmale zur Bestimmung der Gräser im Blütenzustande

Die Bestimmung der Gräser im Blütenstande ist schon an sich nicht sehr schwierig. Wenn man aber bedenkt, daß bei der Prüfung draußen in der Flur auch alle blütenlosen Merkmale zur Verfügung stehen und bei der Prüfung von Heuproben mindestens die Blattmerkmale, so ist die Bestimmung im Blütenzustand zwar kein Kinderspiel, aber doch fast spielend zu erlernen. In den Bildtafeln und den Beschriftungen wird auf viel mehr Einzelheiten namentlich des Blüten- und Ährchenaufbaues eingegangen, als zur Erkennung notwendig ist, aber das eingehende Studium lohnt sich, ja es ist sogar notwendig, wenn man sich auch eine gewisse Samenkenntnis verschaffen will, was nicht nur für den Grassamenbauer notwendig ist, sondern für alle, die Gräser ansäen und Unkrautgräser bekämpfen wollen. Zu beachten hat man vor allem den *Blütenstandstyp*, die *Ästigkeit* des Blütenstandes und den *Aufbau der Blüte und des Ährchens.*

1. Der Blütenstandstyp

Als oberstes Einteilungsprinzip gilt bei der Bestimmung im Blütenzustande mit Recht die Anordnung der Blüten oder richtiger Ährchen in bestimmten Blütenständen. Daß der Roggen, der Weizen und die Gerste ährige Blütenstände haben und der Hafer rispige, das weiß nicht nur jeder Landwirt, sondern auch fast jeder Laie. Nicht so bekannt ist aber, daß man schon durch die bloße Betrachtung des Blütenstandes zu sehr weitgehenden Unterteilungen kommen kann. Diese weitere Unterteilung findet sich erstmalig 1929 bei *Hollrung* in dessen gründlicher und grundlegender Abhandlung in der Zeitschrift für Pflanzenbau „Die Erkennung der Feld-, Wiesen- und Weidegräser unter Berücksichtigung ihrer Blütenstände: Zum Gebrauch für berufstätige Landwirte bearbeitet." Auf Grund dieser *Hollrung*schen Untersuchung lassen sich nicht weniger als 9 Blütenstandstypen unterscheiden. Sie sind auf den Instruktionstafeln S. 16 und 17 schematisch dargestellt und erklärt, außerdem ist hinzugesetzt, welche Gräser in die einzelnen Gruppen fallen.

INSTRUKTIONSTAFELN S. 16 UND 17: DIE 9 BLÜTENSTANDSTYPEN

Es ist aber doch nicht zweckmäßig, eine Gruppenbildung nach diesen 9 Typen vorzunehmen. Zusammengehörige Arten fallen dann oft in verschiedene Gruppen, ein und dieselbe Art müßte oft in mehreren Gruppen geführt werden. Man verwendet die Einzelheiten besser nur zur näheren Charakterisierung und unterscheidet nach Gruppen nur Ährengräser, Scheinährengräser und Rispengräser, wie *W. Fischer* es neuerdings wieder mit Recht getan hat.

2. Die Zahl der Abästungen auf den unteren Stufen

Ein anderes von *Hollrung* eingeführtes oder von ihm doch erst völlig eingeführtes leichtkenntliches Blütenstandsmerkmal ist die Zahl der Abästungen auf den unteren Stufen. Entscheidend ist dafür meist nicht die unterste, oft etwas verkümmerte Stufe, sondern die vorletzte vollausgebildete. Die *Ein*ästigkeit des Knaulgrases, die *Zwei-*

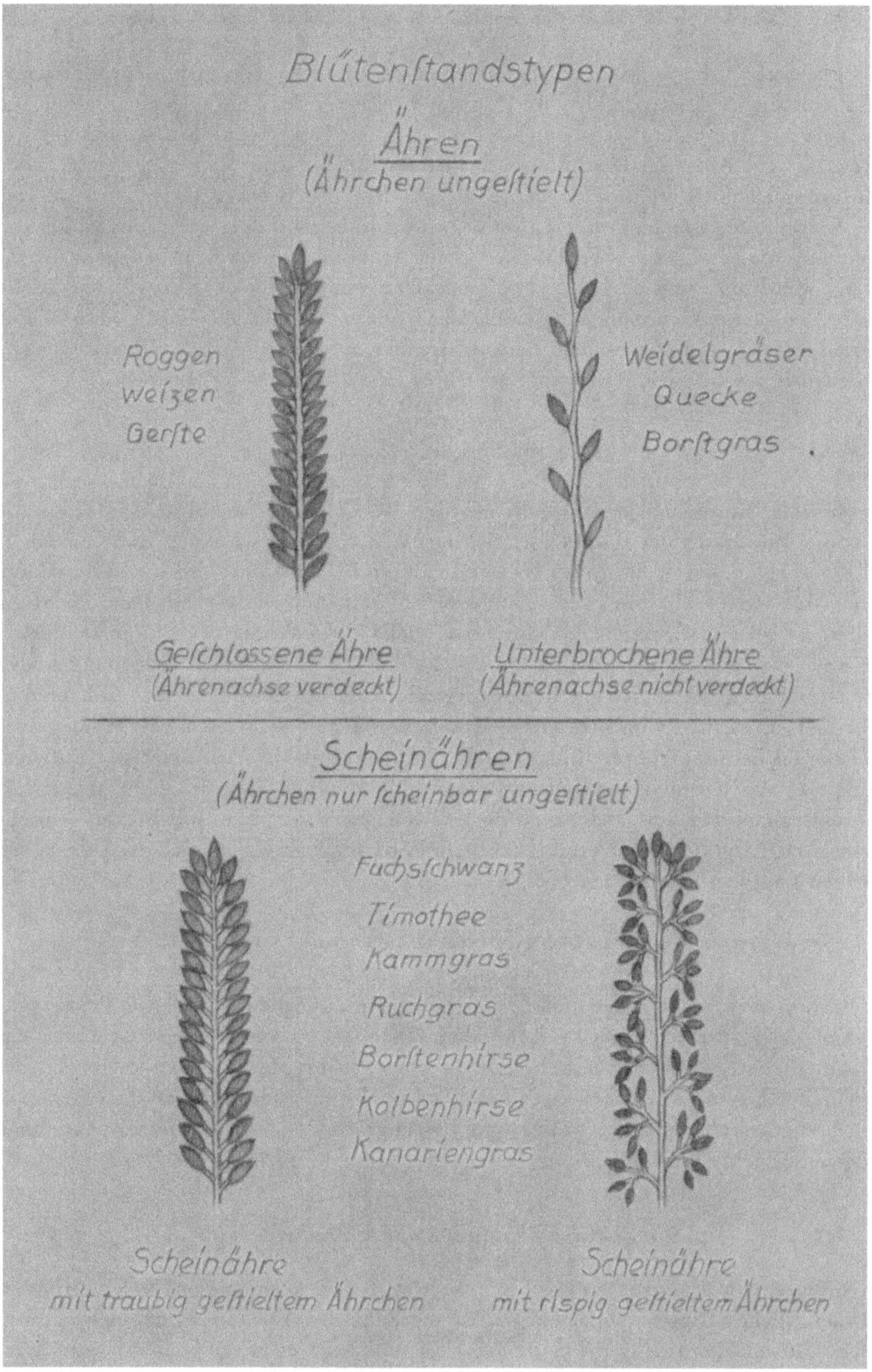
Blütenstandstypen
Ähren
(Ährchen ungestielt)
Roggen
Weizen
Gerste
Weidelgräser
Quecke
Borstgras
Geschlossene Ähre
(Ährenachse verdeckt)
Unterbrochene Ähre
(Ährenachse nicht verdeckt)
Scheinähren
(Ährchen nur scheinbar ungestielt)
Fuchsschwanz
Timothee
Kammgras
Ruchgras
Borstenhirse
Kolbenhirse
Kanariengras
Scheinähre
mit traubig gestieltem Ährchen
Scheinähre
mit rispig gestieltem Ährchen

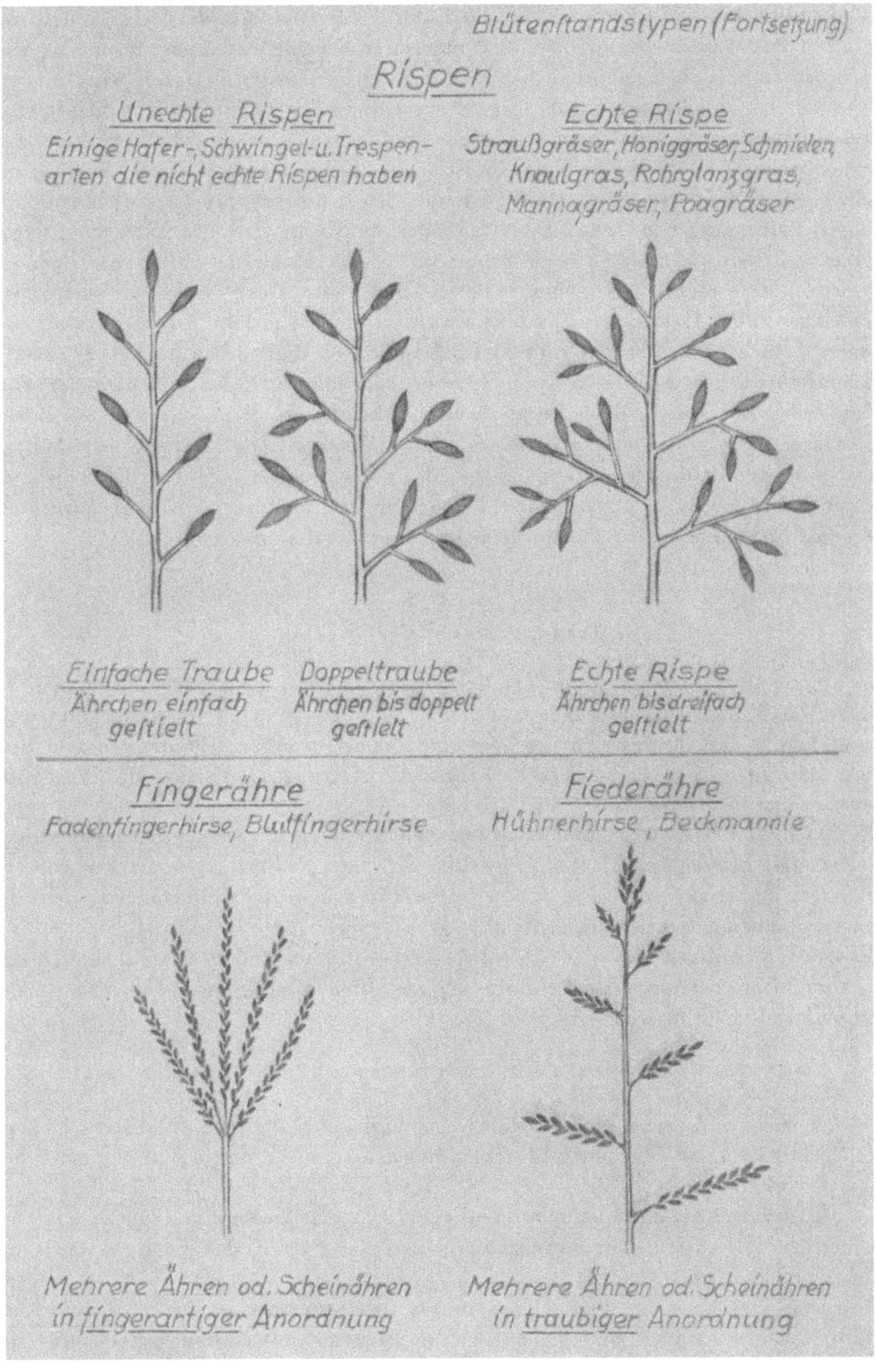
Blütenstandstypen (Fortsetzung)
Rispen
Unechte Rispen
Einige Hafer-, Schwingel- u. Trespenarten die nicht echte Rispen haben
Echte Rispe
Straußgräser, Honiggräser, Schmielen, Knaulgras, Rohrglanzgras, Mannagräser, Poagräser
Einfache Traube
Ährchen einfach gestielt
Doppeltraube
Ährchen bis doppelt gestielt
Echte Rispe
Ährchen bis dreifach gestielt
Fingerähre
Fadenfingerhirse, Blutfingerhirse
Fiederähre
Hühnerhirse, Beckmannie
Mehrere Ähren od. Scheinähren in fingerartiger Anordnung
Mehrere Ähren od. Scheinähren in traubiger Anordnung

ästigkeit des Rohrglanzgrases, die *Fünf*ästigkeit der Wiesenrispe, die *Sieben-* und *Mehr*ästigkeit des Weißen Straußgrases sind nur einige beliebig herausgegriffene Beispiele. Zu beachten ist dabei, daß diese Ästigkeit bei den meisten Gräsern nur zur Blütezeit ohne weiteres zu erkennen ist, da ihre Äste vor und nach der Blütezeit nicht gespreizt sind. Immer wieder kann man von diesem einfachen Unterscheidungsmerkmal Gebrauch machen. Besonders willkommen ist dieses Merkmal bei der Unterscheidung der Schwingel- und Trespengräser. Ob die Grannen bei den Arten, wo sie vorhanden sind, von der Spitze ausgehen (Schwingel-Arten) oder etwas unterhalb der Spitze entspringen (Trespen-Arten), ist zwar auch ein sehr wichtiges Merkmal, das man, schon um die Samenkenntnis vorzubereiten, immer untersuchen sollte. Doch die beiden wichtigsten Schwingel- und Trespenarten: Wiesenschwingel und Wehrlose Trespe, haben keine Grannen. Sich dann weiter darum zu bekümmern, ob die Narben aus der Spitze des Fruchtknotens hervorgehen (Schwingel Arten) oder unterhalb der Spitze inseriert sind (Trespen-Arten), dürfte doch etwas zu viel verlangt sein. Wie einfach festzustellen, ist dagegen das von *Hollrung* herausgefundene Merkmal: Die Trespengräser sind mit Ausnahme der Rauhen Trespe immer vielästig auf den unteren Stufen, die Schwingelgräser haben dagegen nur höchstens 2 Abästungen. Trotzdem ist nicht anzuraten, die Zahl der Abästungen zu einem Gruppenmerkmal zu machen.

3. *Die Grasblüte und das Grasährchen*

Auch ohne ein genaues Studium der Grasblüte und des Grasährchens lassen sich die Gräser im Blütenzustande sicher bestimmen, aber das genauere Studium lohnt sich, wenn man sich Kenntnisse in der Grassamenkunde erwerben will, das genauere Studium darf man aber auch schon deshalb nicht unterlassen, weil man das Wesen des Grases sonst nicht erfaßt.

Die Grasblüte besteht gewöhnlich aus dem Fruchtknoten mit einer meist zweifiedrigen Narbe, drei Staubgefäßen, zwei Schwellkörpern und 2 Blütenspelzen: der äußeren größeren, derberen Deckspelze, an der, wenn vorhanden, die Grannen sitzen und der inneren kleineren, häutigeren, meist 2kieligen Vorspelze.

Die Grasblüten sitzen aber nicht als solche an den Blütenständen, sondern sind einzeln oder zu mehreren durch zwei Hüllspelzen zu Ährchen zusammengefaßt, die an der Blütenstandsachse inseriert sind.

INSTRUKTIONSTAFEL S. 19: GRASBLÜTE UND GRASÄHRCHEN

Bei den meisten Gräsern sind 2 Hüllspelzen vorhanden, bei den Hirsearten 3, beim Rohrglanzgras 4, bei dem Borstgras fehlen sie ganz oder sind nur in sehr kümmerlichen Resten vorhanden.

Bei bestimmten Gattungen ist mindestens eine Hüllspelze länger als das ganze Ährchen: so bei den Haferarten, den Straußgräsern, den Reitgräsern, den Fuchsschwanzarten und dem Timothee.

Sehr charakteristisch ist die Zahl der Blüten in einem Ährchen, sie verdient unsere größte Aufmerksamkeit und eignet sich am besten zur weiteren Unterteilung der Hauptblütenstandstypen.

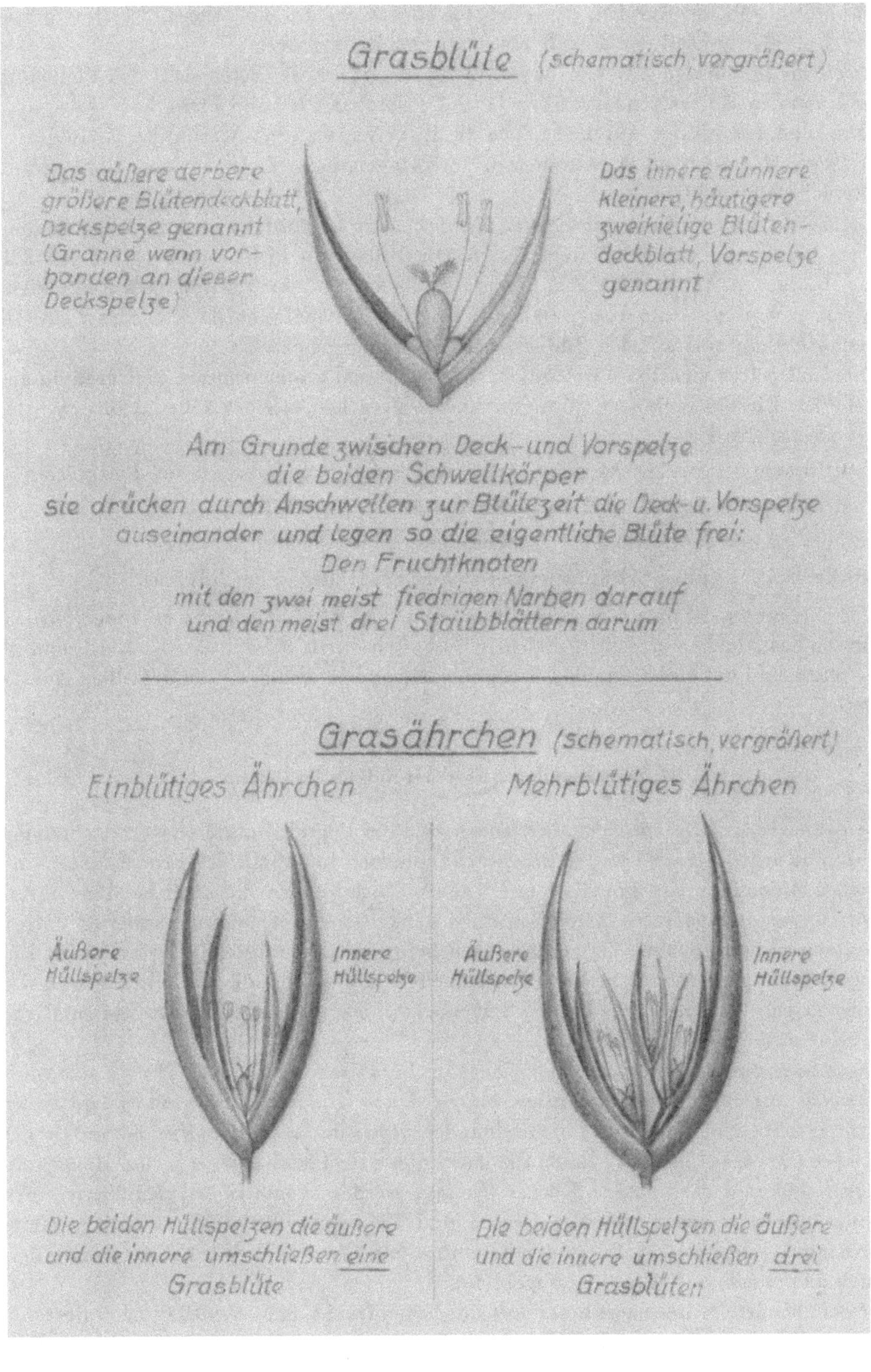
Grasblüte (schematisch, vergrößert)
Das äußere derbere größere Blütendeckblatt, Deckspelze genannt (Granne wenn vorhanden an dieser Deckspelze)
Das innere dünnere kleinere, häutigere zweikielige Blütendeckblatt, Vorspelze genannt
Am Grunde zwischen Deck- und Vorspelze die beiden Schwellkörper
sie drücken durch Anschwellen zur Blütezeit die Deck- u. Vorspelze auseinander und legen so die eigentliche Blüte frei:
Den Fruchtknoten
mit den zwei meist fiedrigen Narben darauf
und den meist drei Staubblättern darum
Grasährchen (schematisch, vergrößert)
Einblütiges Ährchen
Mehrblütiges Ährchen
Äußere Hüllspelze
Innere Hüllspelze
Äußere Hüllspelze
Innere Hüllspelze
Die beiden Hüllspelzen die äußere und die innere umschließen eine Grasblüte
Die beiden Hüllspelzen die äußere und die innere umschließen drei Grasblüten

*Ein*blütig sind die Ährchen der Fuchsschwanzarten, des Timothees, des Borstgrases, des Rohrglanzgrases, der Straußgräser und der Reitgräser.
Zwei- bis *drei*blütige Ährchen haben die Honiggräser, die Schmielen, das Pfeifengras und von den Haferarten Glatthafer (1 + 1), Goldhafer (2) und Flaumhafer (3).
Drei- und *mehr*blütige Ährchen haben die Rispengräser (Poa-Arten), das Knaulgras.
Noch reichblütiger sind die Ährchen der Schwingelgräser, Trespengräser, Mannagräser, Weidelgräser und Quecken.
Die Größe der Ährchen wechselt von 2 mm bei den einblütigen Straußgräsern bis über 2 cm bei den vielblütigen Mannagräsern. Die Größe geht nicht durchweg mit der Zahl der Blüten im Ährchen parallel. So haben die mehrblütigen Rispengräser nur kleine Ährchen von ca. 5 mm Länge und der 2blütige Glatthafer solche von fast 2 cm. Die genauen Maße sind auf den Bildbeschriftungen angegeben.
Die Hüllspelzen sind nie begrannt, höchstens einmal grannenspitzig oder grannig ausgebildet. Die Grannen sind Blütenmerkmale, sie gehen von der äußeren Blütenspelze, der Deckspelze aus:

vom *Grunde* der Deckspelze bei den Schmielen, den Honiggräsern, den Reitgräsern

vom *Rücken* der Deckspelze bei den Haferarten

von *etwas unter der Spitze* der Deckspelze bei den Trespengräsern und

aus der Spitze bei den Schwingelgräsern und dem Italienischen Raygras.

Bei begrannten Blüten läßt sich aus der Zahl der Grannen leicht erkennen, wieviel Blüten das Ährchen enthält. Vorsichtig muß man damit bei den Gerstgräsern sein, die Ährchen sind nur einblütig, aber 3 Ährchen sitzen nebeneinander an derselben Ansatzstelle.

III. Vorbemerkungen über den Aufbau der Grassamen

Grassame ist kein botanischer, sondern ein vulgärer Begriff. Botanisch ist Same nämlich das, was aus der Samenanlage hervorgeht, die sich innerhalb des Fruchtknotens befindet. Mit solchen Grassamen im botanischen Sinne haben wir es aber bei den Gräsern nie zu tun, infolgedessen können wir die generativen Vermehrungseinheiten getrost Grassamen nennen, ohne Verwechselungen befürchten zu müssen; ja es empfiehlt sich sogar, diese generativen Vermehrungseinheiten der Gräser, die botanisch etwas sehr verschiedenes sein können, aber nie Samen sind, unter dem allgemeinen Namen „Grassamen" zusammenzufassen.
Diese Grassamen können einmal Früchte im botanischen Sinne des Wortes sein, d. h. das, was aus dem Fruchtknoten hervorgeht. Diese Grasfrüchte, für die es typisch ist, daß Frucht- und Samenschale miteinander verwachsen sind, haben botanisch den Namen Caryopse. Solche Früchte, die unter den Getreiden bei Weizen und Roggen die Regel sind und dort nackte Körner genannt werden, kommen bei den Futter- und Unkrautgräsern kaum vor. Bei Drusch und Reinigung entspelzen allerdings einige Grassamen sehr leicht, z. B. die von Timothee und Glatthafer. Wir haben deshalb dort auch diese nackten Früchte mitabgebildet.
Gewöhnlich ist der Grassame botanisch eine Scheinfrucht, d. h. er enthält noch Bestandteile außer dem, was aus dem Fruchtknoten hervorgegangen ist, und zwar ist diese

nackte Frucht, die Caryopse, umgeben von Deck- und Vorspelze wie bei Hafer und Gerste, wir haben es bei den Grassamen also mit *Spelzfrüchten* zu tun.

In einigen Fällen ist der Grassame sogar eine *Ährchenfrucht.* Zusätzlich finden sich außer den Blütenspelzen noch die Hüllspelzen um die Caryopse; so beschaffen sind die Samen der Fuchsschwanzgräser, des Timothees, des Wolligen Honiggrases und teilweise auch die des Weißstraußgrases. Bei den Phalarisarten mit 4 Hüllspelzen haften nur die kleineren inneren Hüllspelzen an der Spelzfrucht. Wir sprechen dann von einer Teilährchenfrucht. Bei den Bildbeschriftungen folgt hinter der Allgemeinbezeichnung Same in Klammern die botanisch jeweils zutreffende Bezeichnung, es heißt also immer *Same* (*nackte Frucht* oder *Spelzfrucht* oder *Ährchenfrucht* oder *Teilährchenfrucht*). Beim Glatthafer besteht der Same aus der oberen unbegrannten eigentlichen Spelzfrucht und der stark begrannten tauben „Spelzfrucht", die aus der unteren männlichen Blüte hervorgegangen ist. Wir sprechen in diesem Falle, wenn auch nicht ganz zutreffend, von einer *Doppelspelzfrucht.*

Von Bedeutung bei der Bestimmung vieler Arten ist das Stielchen, es kommt vor bei Gräsern mit zwei- und mehrblütigen Ährchen und ist das Stück der Ährchenachse bis zum nächsthöheren Blütenansatz.

Die Zeichnungen der Samen sind so gut gelungen, daß sie zusammen mit den Beschriftungen jeden Bestimmungsschlüssel überflüssig machen. Zu beachten sind die Größenangaben in mm, sie belaufen sich auf nur 2—3 mm bei den kleinsamigen Arten: Weißstraußgras, Rispengras, Timothee und Rasenschmiele und liegen bei über 10 mm bei einigen großsamigen Trespen- und Haferarten. Zu studieren sind hauptsächlich die Vergrößerungen der Samen, die durchweg in fünffacher Vergrößerung gehalten sind, die natürlichen Größen sind schemenhaft angedeutet. Es ist nur Wert darauf gelegt worden, die Feinheiten, auf die es ankommt, bei den Vergrößerungen zu bringen.

B. Die Gräser in Wort und Bild

Die Bildtafeln der einzelnen Gräser mit erläuternden Bildbeschriftungen und Bildunterschriften (angeordnet in 9 Gruppen nach Blattmerkmalen)

Es sei noch einmal betont, daß die *Bilder*, die *Bildbeschriftungen* und die *Bildunterschriften* eine Einheit bilden. Erst in der Zusammenschau vermitteln sie ein Gesamtbild des Grases. Besonders hervorgehoben sind dabei die Eigentümlichkeiten, die sie im Unterschiede zu leicht Verwechselbaren aufweisen und zu Verwandten.

Erste Gruppe:

Leichtkenntliche

In den grundsätzlichen Vorbemerkungen wurde erklärt, weshalb diese acht Gräser: *Quecke*, *Knaulgras*, *Rasenschmiele*, *Glatthafer*, *Goldhafer*, *Ruchgras*, *Weiches Honiggras* und *Wolliges Honiggras* als Leichtkenntliche allen anderen Gruppen vorangestellt werden. Auf der Instruktionstafel S. 9 sind die Blätter dieser Leichtkenntlichen gezeichnet, und auf der Seite daneben ist auf die Merkmale hingewiesen, durch die sie sich als Leichtkenntliche herausheben. Zur Vergewisserung, daß man sich nicht geirrt hat, sind noch einige Angaben in Klammern hinzugesetzt.

Im Blütenzustande sind diese Leichtkenntlichen noch leichter kenntlich. Die Quecke hat echte Ähren, Glatthafer und Ruchgras haben Doppeltrauben, die übrigen haben echte Rispen. Beim Knaulgras sind die Ährchen knäuelig angeordnet, bei der Rasenschmiele gehen die Nebenäste von den Seitenästen immer wieder zu zweien ab. Aber es soll hier dem genaueren Studium der Bildtafeln nicht vorgegriffen werden.

Blütenstand: eine unterbrochene echte Ähre wie bei den Weidelgräsern; die Ährchen liegen der Ährenachse aber nicht mit der Schmalseite, sondern mit der Breitseite an.

Ährchen: groß, meist 5blütig, die beiden Hüllspelzen etwa halb so lang wie das Ährchen, zugespitzt, Deckspelze grannenspitzig oder kurz begrannt und bei der Abart v. aristatum auch länger begrannt.

Same (Spelzfrucht): 9—12 mm lang. Länglich mit steifer Grannenspitze oder Granne. Vorspelze etwas kürzer als die Deckspelze, an den Kielen wimperig gekerbt. Stielchen verschieden lang, meist kurz mit tellerförmiger Vertiefung am Ende, meist etwas behaart.

Blatt: Spreite mittelbreit, 3—10 mm, schwach gerieft.

Jüngstes Blatt gerollt.

Behaarung wechselt stark.

Blätter mit derben kralligen Öhrchen.

Blatthäutchen sehr kurz, gerade abgeschnitten fein gezähnelt (Lupe!). Blattscheide offen.

1. **Echte Quecke,** Gemeine Quecke [*Agropýron répens (L.) Pal. Beauv. – Triticum répens L.* –].

Ausdauernd. Mit langen unterirdischen Ausläufern. Höhe bis über 1 m. Blüte Juni/Juli. Reife mit dem Winterroggen.

Schlimmes Ackerunkraut. Auf Jauchewiesen sehr verbreitetes, brauchbares Wiesengras. Auf manchen Weiden sogar häufig und nicht immer abzulehnen. Landwirtschaftliche Hauptdarstellung S. 100, 109, 120—125.

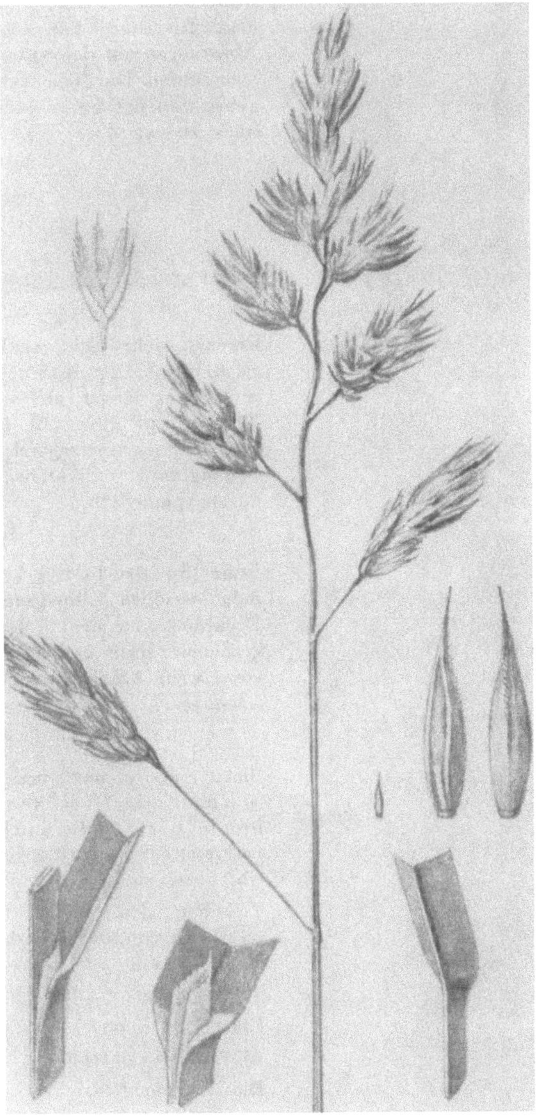

Blütenstand: eine echte Rispe, einseitswendig, einästig auf allen Stufen, mit Ährchenknäueln, die auf den unteren Stufen spindelfern angesetzt sind.

Ährchen: mittelgroß, 3- bis 5blütig. Deckspelze grannenspitzig, desgleichen die Hüllspelzen. Deckspelzen und Hüllspelzen am Kiel steif gewimpert.

Same (Spelzfrucht): 5–6 mm lang. Wegen der starken Kielung immer auf der Seite, nie auf dem Rücken liegend. Spitze gekrümmt. Stielchen $^1/_4$ bis $^1/_5$ der Länge der Spelzfrucht, mit keulenförmig verdickter Spitze. Tgw. = 1 g.

Blatt: Spreite breit, 4–12 mm, nicht gerieft, nur mit einer scharf gekielten Mittelrinne.

Jüngstes Blatt gefaltet.

Blätter unbehaart.

Blätter ohne Öhrchen.

Blattscheide offen.

Blattscheide zweischneidig, platt.

Blatthäutchen groß, weiß, in eine Spitze ausgezogen.

2. **Knaulgras** (*Dáctylis glómeráta L.*).

Ausdauernd. Ausgeprägt horstig. Höhe bis über 1 m. Obergras. Blüte Ende Mai/Anfang Juni. Reife zwei bis drei Wochen vor dem Roggen.

Sehr geschätztes Obergras auf den frischen und frischfeuchten Wiesen. Bildet auf Rieselwiesen bisweilen Reinbestände. Auf Weiden in Sonderfällen erwünscht. Bedeutendes Gras im Kleegrasbau, insbesondere auf „leichteren" nicht aber „leichten" Böden. Landwirtschaftliche Hauptdarstellung S. 101, 103, 104, 109, 112–113, 114, 115.

Blütenstand: eine echte hängende Rispe mit 5 und mehr Abästungen auf den untersten Stufen. Die Nebenäste gehen von den Seitenästen meist zu zweien ab.

Ährchen: sehr klein, zahlreich, zweiblütig. Hüllspelzen etwas länger als die Deckspelzen, diese mit je einer sie etwas überragender Grundgranne. Ährchenansatz spindelfern.

Same (Spelzfrucht): ± 2,5 mm, weißlich silbergrau. Deckspelze an der Spitze gezähnelt. Basis und Stielchen weiß behaart, haarschopfig.

Blatt: Spreite mittelbreit, ± 5 mm, mit 7 starken, hohen Riefen, die durch verkieselte Zähne rückwärts rauh sind.

Zwischen den Riefen 6 weiß durchscheinende tiefe Rillen.

Jüngstes Blatt gefaltet.

Blätter unbehaart.

Blätter ohne Öhrchen.

Blattscheide offen.

Blatthäutchen lang, derb, oft zerschlitzt.

3. Rasenschmiele [*Deschámpsia caespitósa (L.), Pal. Beauv. – Aíra caespitósa L.* –].

Ausdauernd. Bültig horstig. Höhe bis über 1 m. Blüte Juli.

Das häufigste und schlimmste Unkraut auf gut feuchtem Grünland. Auf zu feuchtem, etwas nassem oder auch wechselnassem Grünland ein sehr mäßiges Mähegras. Landwirtschaftliche Hauptdarstellung S. 100, 101, 106, 107, 109.

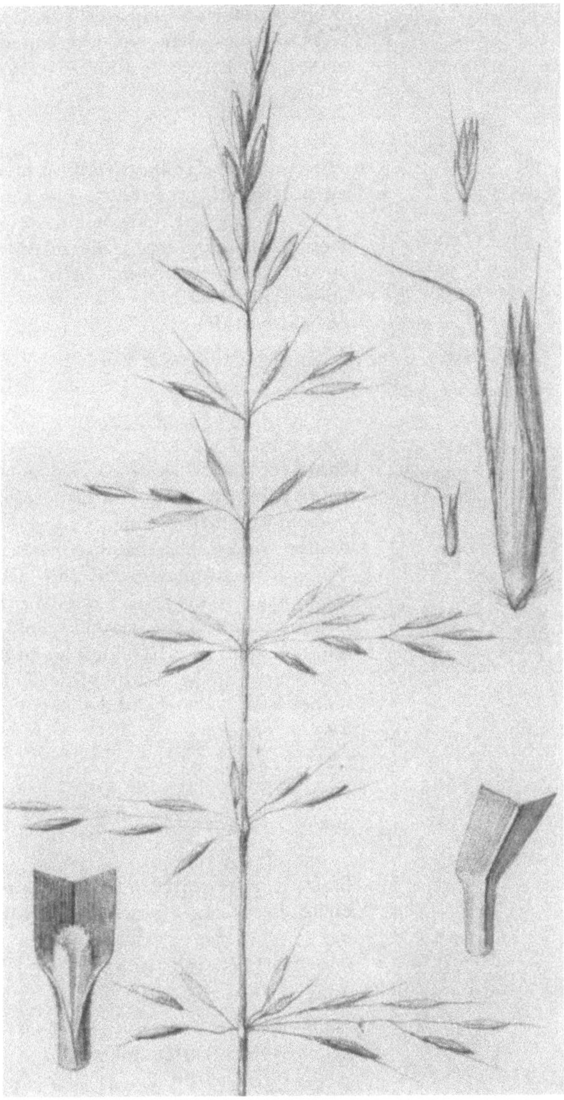

Blütenstand: eine einfache bis doppelte Traube mit mehreren bis vielen Abästungen auf fast allen Stufen.

Ährchen: groß, zweiblütig, die eine Hüllspelze kürzer, die andere so lang wie das ganze Ährchen, die untere Blüte männlich mit langer Rückengranne, die obere Blüte eine Zwitterblüte mit kurzer Granne oder auch grannenlos. Ährchenansatz spindelfern.

Same (Doppelspelzfrucht): sehr groß, 7—9 mm lang, strohgelb, am Grunde borstig behaart, die untere taube „Spelzfrucht" mit gedrehter und geknieter Rückengranne, die obere „Spelzfrucht" mit kurzer Granne oder auch grannenlos. Tgw. 3,5 g.

Blatt: Spreite mittelbreit bis breit, 4—10 mm, mehr oder weniger gerieft, mit spärlicher Behaarung, bei Zuchtsorten auch unbehaart, stark dreikantig gekielt.

Jüngstes Blatt gerollt.

Blattscheide offen.

Blätter ohne Öhrchen.

Blatthäutchen groß, gezähnt bis gefranst.

Blatthaltung auffällig aufrecht.

4. Glatthafer, Französisches Raygras [*Arrhenátherum elátius (L.) J. et C. Presl – Avéna elátior L.* –]. Ausdauernd. Horstig. Höhe bis über 1 m. Obergras. Blüte Ende Mai/Anfang Juni. Reife 3 Wochen vor dem Roggen.

Hochwertiges Obergras der reichen, nicht gerade feuchten, mehr frischen Wiesen. In Mittelgebirgslagen wird er durch den Goldhafer ersetzt. Von Bedeutung auch im mehrjährigen Luzerne- und Kleegrasbau und auf Wechselwiesen bzw. periodisch erneuerten Wiesen. Nicht beweidbar. Wegen der tiefen Bewurzelung von allen massenwüchsigen Futtergräsern am dürreresistentesten. Landwirtschaftliche Hauptdarstellung S. 101—105, 115.

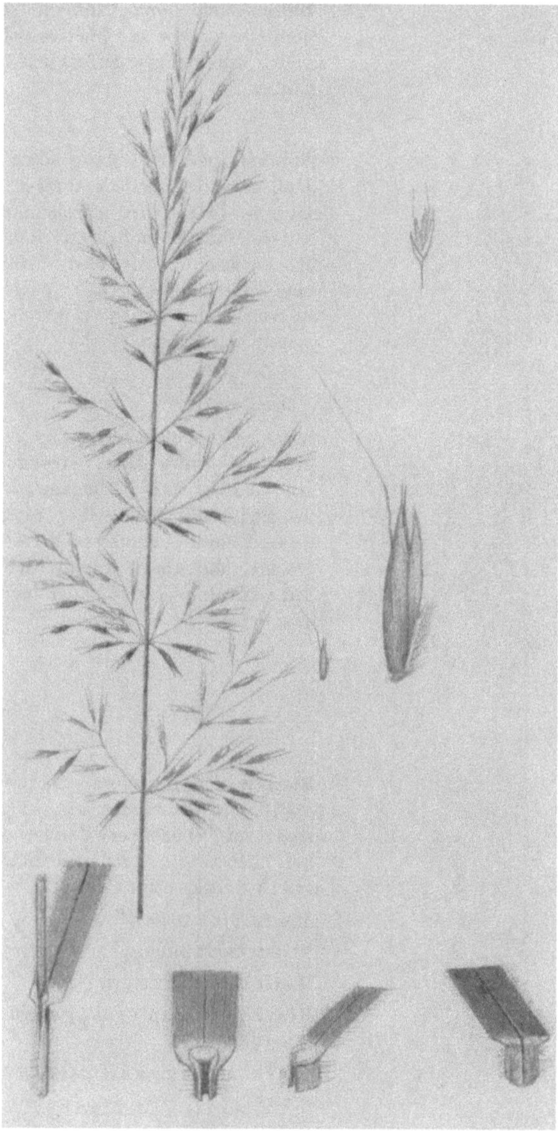

Blütenstand: eine echte Rispe (im Gegensatz zu allen anderen Haferarten).

Ährchen: mittelgroß, zweiblütig und auch dreiblütig, jede Blüte mit zarter Rückengranne. (Also mindestens zwei Rückengrannen in einem Ährchen). Ährchen zahlreich. Ährchenansatz spindelnah. Viele Abästungen auf einer Stufe.

Same (Spelzfrucht): 4—5 mm lang. Deckspelze in zwei grannenartige Spitzen auslaufend. Vorspelze weißhäutig, meist abstehend. Beachte die Rückengranne – oberhalb der Mitte angesetzt – im Gegensatz zur Grundgranne des „falschen Goldhafers", der Drahtschmiele – und die hellere gelbe Farbe. Stielchen fächerförmig abstehend behaart. Tgw. 0,5 g.

Blatt: Spreite mittelbreit, ± 4 mm mehr oder weniger gerieft, weich behaart, aber bei Zuchtsorten auch unbehaart, stumpf gekielt.

Jüngstes Blatt gerollt.

Blattscheide offen, zottig behaart, aber bei Zuchtsorten auch kahl.

Blatthäutchen kurz aber deutlich, gerade abgeschnitten, fein gezähnelt.

5. Goldhafer [*Trisétum flavéscens (L.) Pal. Beauv.-Avéna flavéscens L.* –].

Ausdauernd. Lockerhorstig. Höhe bis 1 m. Untergras. Blüte Ende Mai/Anfang Juni. Reife 3—4 Wochen vor dem Roggen.

In den Mittelgebirgen wertvolles Wiesen- und Weidegras. Wertvolles Gras auch im langjährigen Kleegrasbau der Egartenwirtschaften. In der Ebene örtlich auf Heidegrünland von Bedeutung. Auch sonst nicht gerade selten. Landwirtschaftliche Hauptdarstellung S. 48, 101.

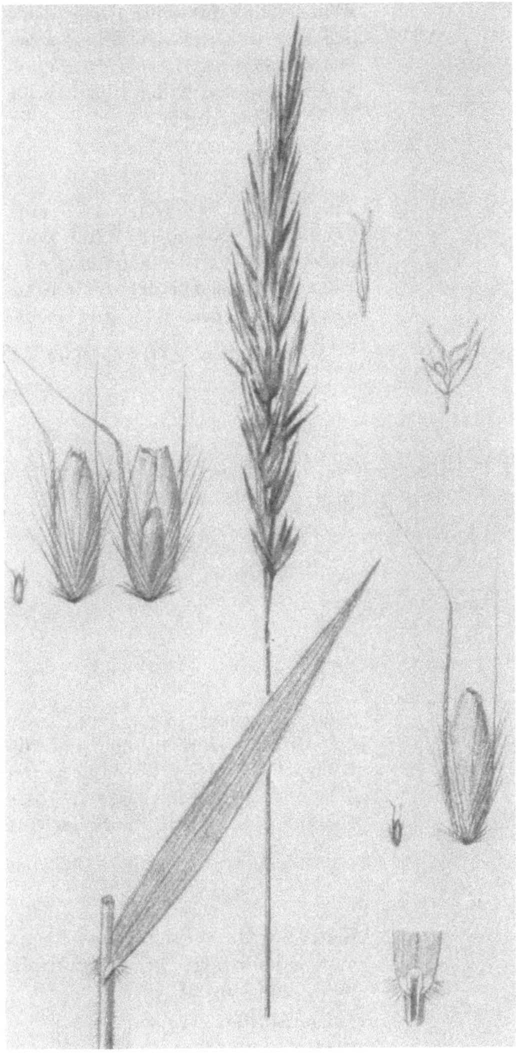

Blütenstand: eine lockere Scheinähre traubiger Herkunft.

Ährchen: mittelgroß, dreiblütig. Die mittlere, unbegrannte Blüte eine Zwitterblüte mit 2 Narben (und 2 Staubbeuteln) blüht aus dem geschlossenen Ährchen, die beiden seitlichen bis auf die begrannten Spelzen verkümmerte männliche Blüten. Diese werden deshalb auch bisweilen Hüllspelzen genannt. Das Ährchen ist also danach einblütig mit vier Hüllspelzen, von denen die beiden inneren begrannt sind.

Same (Teilährchenfrucht): 2,5—3 mm lang. In der Mitte die glänzende rostbraune Spelzfrucht, umgeben von den rostbraunen behaarten und begrannten Deckspelzen der verkümmerten männlichen Blüten. Die eine Spelze mit gerader Granne, die andere mit gedrehter und geknieter Granne. Knie eben oberhalb des Ährchens. [Beim Ackerruchgras (Bild rechts unten) Knie beträchtlich höher.]

Blatt: Spreite mittelbreit, 3—5 mm, mehr oder weniger gerieft, kurz, auch nach dem Blattgrund sich verjüngend.

Jüngstes Blatt gerollt.

Blattscheide weichhaarig.

Blätter mit kleinen Öhrchen.

Blatthäutchen mittelgroß.

Blattgrund bärtig, d. h. mit Haarbüscheln.

6. **Wiesenruchgras** (*Anthoxánthum odorátum L.*).

Ausdauernd. Kleine blattarme Horste. Höhe unter 50 cm. Blüte Mai.

Auf armen vernachlässigten Wiesen und auch Weiden oft bestandbildend. Sehr mäßiges Futtergras mit Kumaringeruch. Landwirtschaftliche Hauptdarstellung S. 101, 106, 109.

7. **Ackerruchgras** (*Anthoxánthum aristátum Boiss. – Anthoxánthum Puélii Lecoq et Lamotte –*).

Überjährig und auch einjährig. Kleine Horste mit verzweigten drahtigen Halmen. Höhe bis über 50 cm. Blüte Mai. Fruchtet vor dem Roggen. Gefährliches Unkraut, namentlich unter Roggen, aber auch in der Sommerung und der Hackfrucht auf leichteren Böden. Landwirtschaftliche Hauptdarstellung S. 128—129.

Blütenstand: eine echte Rispe (deutlich nur während der Blüte, sonst fast scheinährig, da sich die Seitenäste vor und nach der Blüte an die Hauptachse anlegen).

Ährchen: mittelgroß, 4—5 mm, zweiblütig. Die obere Blüte taub, mit aus dem Ährchen herausragender Rückengranne. Die Hüllspelzen zugespitzt, an den Rändern bewimpert.

Same (Ährchenfrucht): ähnlich wie bei Holcus lanatus, nur sind die Hüllspelzen stärker bewimpert und die gekniete Rückengranne der oberen männlichen Blüte schaut weit heraus.

Blatt: Spreite mittelbreit, 4—8 mm, mehr oder weniger gerieft, nur sehr wenig und kurz behaart.

Jüngstes Blatt gerollt.

Blätter ohne Öhrchen.

Blattscheide offen.

Blatthäutchen mittelgroß, gezähnelt.

Blattknoten mit schräg nach unten gerichteten Haaren besetzt.

8. Weiches Honiggras (*Hólcus móllis L.*).

Ausdauernd. Mit unterirdischen Ausläufern. Höhe kaum über 50 cm. Blüte von Juni an. Häufig in Kiefernwäldern. Aber auch als Unkraut (Hochmoorquecke) auf mageren Sand-, Hochmoor- und Mittelgebirgsbodenäckern. Dort auch auf magerem Grünland. Landwirtschaftliche Hauptdarstellung S. 120—125.

Blütenstand: eine echte Rispe (deutlich nur während der Blüte, sonst fast scheinährig, da sich die Seitenäste vor und nach der Blüte an die Hauptachse anlegen).

Ährchen: klein, 4 mm, zweiblütig. Die obere Blüte taub, mit an der Spitze hakig gebogener Rückengranne, die nicht aus dem Ährchen hervortritt, sondern von den Hüllspelzen eingeschlossen wird.

Same (Ährchenfrucht): 4 mm lang, strohgelb, Hüllspelzen grannenspitzig, nicht verwachsen, fein behaart, die Ränder bewimpert. (Spelzfrucht) rechts daneben: 2,5 mm lang, gelblich, glänzend.

Blatt: Spreite mittelbreit bis breit, 4—10 mm, schwach gerieft, ober- und unterseits dicht sammetartig weichhaarig, stark gekielt.

Jüngstes Blatt gerollt.

Blätter ohne Öhrchen.

Blattscheide offen, die jüngeren mit rotvioletten Nerven.

Blatthäutchen groß, kragenförmig, gefranst.

9. **Wolliges Honiggras** (*Hólcus lanátus L.*). Ausdauernd. Polsterhorstig. Höhe bis 1 m. Blüte von Ende Mai an.

Häufig auf vernachlässigten Wiesen der verschiedensten Feuchtigkeitslagen. Auch auf Weiden. Auf gutem Grünland ein Unkraut. Der Same ist Hauptbestandteil der Heublumensaat. Landwirtschaftliche Hauptdarstellung S. 101, 106, 107, 109.

Zweite Gruppe:

Horstgräser mit Borstblättern

(vergleiche auch die Instruktionstafel S. 5)

Die Blattspreiten dieser Horstgräser sind sehr schmal, unter 1 mm breit, sie liegen borstig zusammen und sind nur sehr schwer auseinanderzufalten. Es handelt sich hier um vier weit verbreitete Arten:
um das *Igelgras*, den Hauptbestandsbildner der sterilsten, landwirtschaftlich kaum nutzbaren Sandböden,
um den *Schafschwingel*, den Hauptbestandsbildner trockener sandiger Schafhutungen,
um das *Borstgras*, das auf rohhumosen Böden der Mittelgebirge und der Heidegegenden weite ertragarme Bestände bildet
und um die *Drahtschmiele*, die zwar in erster Linie ein weit verbreitetes Gras der Wälder geringerer Bonitäten ist, aber auch auf Hutungen stellenweise recht häufig vorkommt.
Die Unterscheidung der vier Arten im blütenlosen Zustande ist sehr einfach.
Das *Igelgras* hat steif aufrechte, hellgraugrüne Blätter, ist igelig-horstig, der Blattspreitenquerschnitt ist rund, das Blatthäutchen ist sehr lang, weiß und spitz.
Der *Schafschwingel* ist je nach Abart verschieden grün, dunkelgrün oder bläulich, aber nie hellgraugrün, die Blätter sind nicht so steif aufrecht, der Horst also nicht igelig, der Blattspreitenquerschnitt ist mehr oder weniger oval, das Blatthäutchen ist kaum sichtbar, die Blattscheidenränder sind beiderseits lappig zu öhrchenähnlichen Gebilden emporgezogen.
Das *Borstgras* hat brettartig aufgebaute Horste, die äußeren Blattspreiten stehen rechtwinklig ab, der Blattspreitenquerschnitt ist 6eckig, die Blätter starr, das Blatthäutchen deutlich und an der Spitze rund.
Die *Drahtschmiele* ist lockerhorstig, die Blattspreiten weich und saftig dunkelgrün, der Blattspreitenquerschnitt ist 6eckig, das Blatthäutchen deutlich und an der Spitze eingekerbt.
Außer diesen vier Gräsern haben noch andere Arten, insbesondere bei Trockenheit, borstartig zusammengefaltete oder zusammengerollte Blätter, so insbesondere einige schmalblättrige Formen der *Wiesenrispe*, der *Gemeinen Rispe*, des *Rotschwingels* u. a. m. Aber die Blattspreiten sind breiter als 1 mm und lassen sich viel leichter auseinanderfalten, und die Zugehörigkeit zu anderen Gruppen läßt sich dann leicht feststellen.
Schwierigkeiten bereitet manchmal die Unterscheidung von *Schafschwingel* und *Rotschwingel*, die beide sehr formenreich sind. Der Schafschwingel hat aber in allen seinen Formen offene Blattscheiden (höchstens das untere Drittel ist geschlossen), während der Rotschwingel in allen seinen Formen geschlossene Blattscheiden hat (mindestens die zwei unteren Drittel sind geschlossen).
Im Blütenzustande sind unsere *vier Horstgräser mit Borstblättern* so unterschiedlich, daß eine Verwechselung nicht möglich ist: das *Igelgras* hat eine echte Rispe mit kleinen 2blütigen Ährchen, der *Schafschwingel* hat eine einfache bis doppelte Traube mit größeren 5blütigen Ährchen. Das *Borstgras* ist ein Ährengras mit einblütigen Ährchen und die *Drahtschmiele* hat eine echte Rispe mit immer wieder zu zweien abgehenden Rispenästen.

Blütenstand: eine echte Rispe.

Ährchen: klein, ± 3 mm lang, zweiblütig. Jede Blüte mit einer kurz über dem Grunde entspringenden gedrehten Rückengranne, die keulenförmig endigt und in der Mitte einen behaarten Knoten hat (L!). Die Hüllspelzen hüllen Blüten und Grannen vollständig ein.

Blatt: Spreite borstenartig, sehr schmal, unter 1 mm breit, hellgraugrün, steif aufrecht „igelig". Im Querschnitt rund.

Blatthäutchen lang, weiß, spitz zulaufend.

Blattöhrchen nicht vorhanden.

10. Igelgras, Silbergras (*Corynéphorus canéscens (L.) Pal. Beauv. – Weingaertneria canéscens Bernh.* –). Ausdauernd. Ein typischer Igelhorst. Höhe kaum über 30 cm. Blüte Juni/Juli.

Anspruchslosestes Gras der deutschen Flora. Besiedelt in zerstreuten igeligen Horsten die trockensten und ärmsten heidekrautlosen sandigen Ödländereien. Bildet nicht einmal Schafhutungen. Von Bedeutung aber zur Festlegung losen Sandes. S. 113.

Blütenstand: eine einfache bis doppelte Traube mit nur einer Abästung auf jeder Stufe. Der unterste Ast der Spindel ist ein Drittel so lang wie der ganze Blütenstand (bei Festuca rubra halb so lang).

Ährchen: 5—10 mm lang, vielblütig. Die Deckspelze mit Spitzengranne. Hüllspelzen kürzer als die Deckspelzen.

Same (Spelzfrucht): bei der Abart v. duriuscula $\pm$ 5 mm lang. Deckspelze mit Spitzengranne. Tgw. 0,7 g.

Blatt: Spreiten borstenartig, sehr schmal, unter 1 mm breit, dunkelgrün. Im Querschnitt oval.

Blatthäutchen kaum sichtbar.

Blattöhrchen nicht vorhanden, aber Blattscheiden beiderseits halbrundig emporgezogen.

Blattscheide offen, nur im unteren Drittel geschlossen, bei Festuca rubra mindestens zwei Drittel geschlossen.

Halm: auch die Halmblätter borstenförmig, bei Festuca rubra dagegen flach ausgebreitet.

Blatttriebe: intravaginal, bei Festuca rubra extravaginal.

11. 12. Schafschwingel (*Festúca ovína L.*).

Ausdauernd. Horstig. Höhe bis 50 cm. Blüte Ende Mai. Reife vier Wochen vor dem Roggen. Sehr formenreich. Hier ist nur die größte Abart v. duriuscula gezeichnet und beschrieben und ein Blattquerschnitt der kleinsten Abart v. capillata hinzugesetzt.

Brauchbares Schafhutungsgras auf Sandböden. Zur Samengewinnung auf den Sandböden der Griesen Gegend in Mecklenburg angebaut. Dort wichtiges Kulturgras. Hebt durch die großen Wurzelrückstände die Kultur dieser Böden um Klassen. Landwirtschaftliche Hauptdarstellung S. 113.

Blütenstand: eine unterbrochene, einseitswendige echte Ähre.

Ährchen: pfriemlich, über 7 mm lang, einblütig, vor der Blüte anliegend, nach der Blüte kammartig abstehend. Hüllspelzen nur verkümmerte Reste. Deckspelze mit Spitzengranne. Griffel mit einästiger Narbe.

Same (Spelzfrucht): ohne die Granne 7 bis 9 mm lang, pfriemlich.

Blatt: Spreite borstenartig, sehr schmal, unter 1 mm breit, graugrün, steif, hart, zugespitzt, die äußeren rechtwinklig abgehend.

Im Querschnitt 6eckig. Blatthäutchen deutlich, 2 mm lang.

Blattöhrchen nicht vorhanden.

Horst: brettartig.

13. **Steifes Borstgras,** Bocksbart (*Nardus stricta L.*).

Ausdauernd. Horstig mit brettartig angeordneten Trieben. Höhe kaum über 30 cm. Blüte Mai/Juni.

Hauptgras der Ödlandrasen der armen, sauren Rohhumusböden im Mittelgebirge, auf Hochmooren und in Heidegegenden fast aller Feuchtigkeitslagen mit Ausnahme der extrem trockenen und nassen Lage. Landwirtschaftliche Hauptdarstellung S. 102, 109—110, 113, 119.

Blütenstand: eine echte Rispe, mit zwei Abästungen auf den einzelnen Spindelstufen. Auch die Abästungen zweiter und dritter Ordnung gehen von denen der höheren Ordnung immer wieder zu zweien ab. Die Rispenäste mehr oder weniger geschlängelt. Ährchenansatz spindelfern.

Ährchen: 5 mm lang, zweiblütig. Die Deckspelzen etwas kürzer als die Hüllspelzen. Ihre Grundgrannen ragen aber etwas über die Hüllspelzen hinaus.

Same (Spelzfrucht): 3—5 mm lang. Granne grundständig (bei Goldhafer rückenständig), gekniet, länger als die Deckspelze. Stielchen wenig behaart, aber die Basis haarschopfig. Farbe des Samens bräunlich-gelb, dunkler als beim Goldhafer.

Blatt: Spreite borstenartig, sehr schmal, unter 1 mm breit, glänzend dunkelgrün, weich, schmiegsam, fast fettig sich anfühlend. Im Querschnitt 6eckig.

Blatthäutchen deutlich, stumpf, eingekerbt.

Blattöhrchen nicht vorhanden.

14. Drahtschmiele (*Deschámpsia flexuósa (L.) Trin. – Aira flexuósa L. –*).

Ausdauernd. Kleine, breite lockere Horste. Höhe bis über 50 cm. Blüte (nur im Freien, blüht schon im Halbschatten nicht) Juni/Juli.

Hauptgras in lichten Waldbeständen auf kalk- und nährstoffärmeren Böden, aber auch auf entsprechenden Hutungen im Mittelgebirge und auf heidigen Böden häufig. Im Walde auf Kahlschlägen gesammelte Saat geeignet für Rasenmischungen aber nicht für landwirtschaftliche Zwecke. Wird bisweilen als Goldhafer angeboten. Deshalb nicht verwechseln mit Goldhafersaat.

Dritte Gruppe:

Die Gräser mit Hirseblättern

(Blattspreiten mit einem *weißlichen oder rötlichen Mittelstreifen*)

Instruktionstafel S. 7

Zu dieser Gruppe gehören bei uns keine Grünlandgräser. Bei deren Bestimmung kann man also von dieser Gruppe absehen. Das als „*Bermudagras*" in den Südstaaten Nordamerikas und als „*Dubgras*" in Indien so geschätzte Grünlandgras *Cynodon dactylon (L.) Pers.*, das bei uns in Weinbergsgegenden gelegentlich als queckiges Unkraut auftritt, gehört allerdings in diese Gruppe. Bei uns handelt es sich sonst ausschließlich um einjährige Arten, und zwar in erster Linie um Ackerunkräuter, die gelegentlich auch einmal auf Grünland übergreifen können und außerdem noch um einige zur Bereicherung unseres Futterbaues empfohlene einjährige Futtergräser.

Zu den Ackerunkräutern gehören:

die *Faden-* und die *Blut-Fingerhirse*, die im Blütenzustande durch ihre fingerartig angeordneten Scheinähren und im blütenlosen Zustande durch die Blatthäutchen gut gekennzeichnet und auch voneinander leicht zu unterscheiden sind,

ferner die *Hühnerhirse*, die im Blütenzustand durch ihre traubenförmig angeordneten Scheinähren auffällt und blütenlos durch das Fehlen des Blatthäutchens und schließlich die *grüne* und die *gelbe Borstenhirse*, die sich im Blütenzustande durch ihre borstigen Scheinähren und im blütenlosen Zustand durch den Haarkranz anstelle des Blatthäutchens von allen anderen Hirsen abheben.

Zu den zur Bereicherung unseres Futterbaues vorgeschlagenen einjährigen Futtergräsern gehören in diese Gruppe:

die *Kolbenhirse*, die *Rispenhirse* und das *Sudangras*. Diese Pflanzen aus wärmeren Ländern haben bei uns zwar keine große Bedeutung, da sie aber noch nie abgebildet sind, und jeder Berater sie mindestens kennen muß, sind sie in dieses kleine Gräserbuch mit aufgenommen. Die Unterscheidung macht keine Schwierigkeiten. Die *Kolbenhirse* hat eben Kolben, die *Rispenhirse* Rispen mit unbegrannten Ährchen und das *Sudangras* ganz andersartige Rispen mit begrannten Ährchen. Die Blätter des *Sudangrases* haben ein deutliches Blatthäutchen und sind unbehaart, die von der *Kolben-* und *Rispenhirse* haben einen Haarkranz anstelle des Blatthäutchens, die Blätter der *Rispenhirse* sind stark behaart und die der *Kolbenhirse* schwächer. Die Kolbenhirse folgt in unseren Bildtafeln der grünen Borstenhirse, da sie aus dieser hervorgegangen ist.

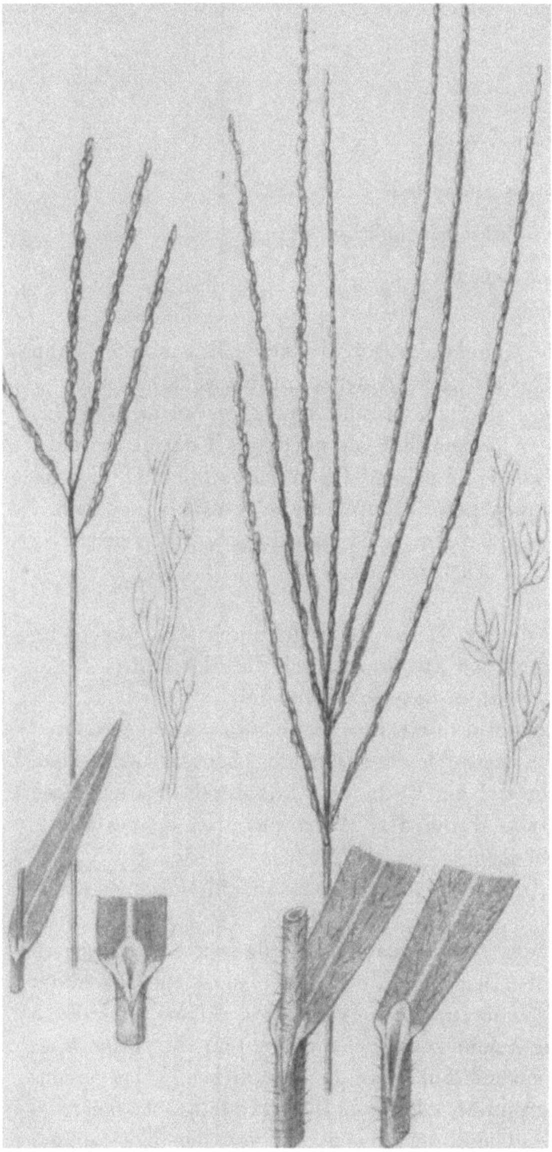

Faden-Fingerhirse (links).

Blut-Fingerhirse (rechts).

Blütenstand: eine unechte Fingerähre mit 3—5 (links) bzw. 5 bis 7 Scheinähren rispiger Herkunft (rechts).

Ährchen: sehr klein, 2 mm lang, einblütig, in Büscheln zu zweien (links), bzw. zu 2—5 (rechts) angeordnet.

Blatt: Spreite schmal bis mittelbreit (links) bzw. mittelbreit bis breit (rechts), mit weißem Mittelstreifen.

Jüngstes Blatt gerollt.

Blätter ohne Öhrchen.

Blattscheide geschlossen.

Am Blattgrund einige längere Haare (links) bzw. Blattscheide stark behaart und Blattspreite fein behaart (rechts).

Blatthäutchen vorhanden, deutlich.

15. Faden-Fingerhirse (*Digitária Ischaémum (Schreb.) Muhlenb. – Pánicum filifórme Garcke non L.* –).
Einjährig. Höhe weit unter 50 cm. Blüte Juli/August.
Sehr häufiges Unkraut auf sehr geringen Sandäckern. Das Gegenstück zum Igelgras auf bebauten dürren und armen Sandäckern. S. 130.

16. Blut-Fingerhirse (*Digitária sanguinális L.) Scop. – Pánicum sanguinále L.* –).
Einjährig. Höhe bis über 50 cm. Blüte Juli/August. Unkraut auf trockenen und feuchten sandigen Äckern S. 130.

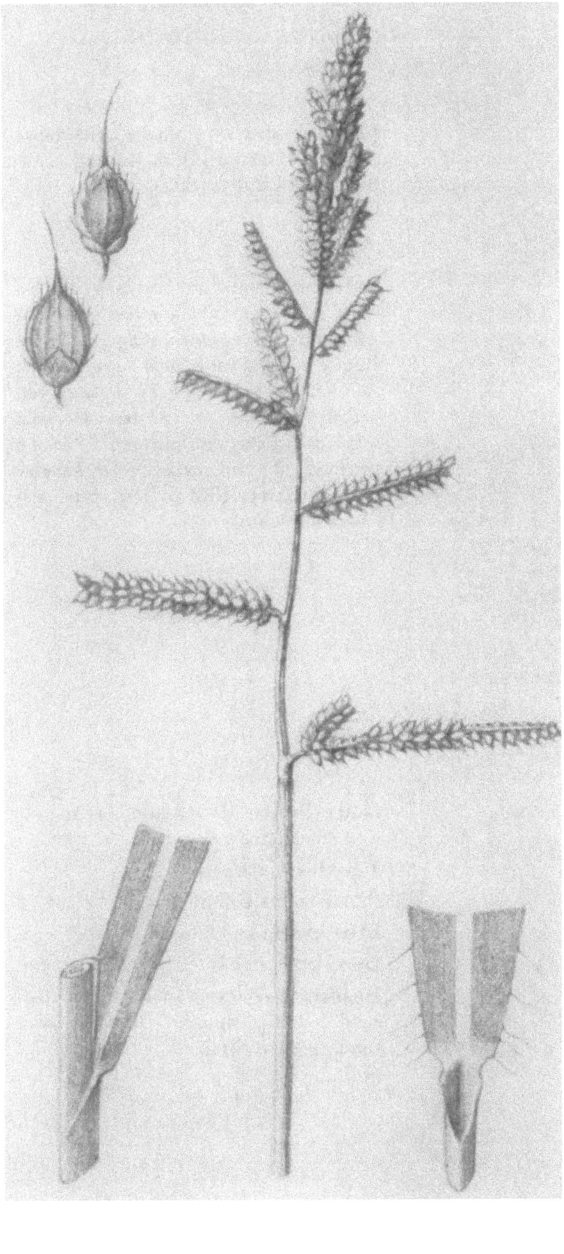

Blütenstand: eine Fiederähre, und zwar eine Traube aus gegenständig und wechselständig angeordneten seitenästigen Scheinähren rispiger Herkunft.

Ährchen: klein, 2 mm, zahlreich, einblütig, mit 3 Hüllspelzen. Die kürzeste Hüllspelze ($^1/_4$ des Ährchens) umfaßt das ganze Ährchen, die beiden anderen Hüllspelzen so lang wie das Ährchen. Die flache, der Deckspelze aufgelagerte Hüllspelze meist mit mehr oder weniger langer Granne (links), die der Vorspelze aufgelagerte Hüllspelze unbegrannt, nur höchstens stachelspitzig (rechts). Beide Hüllspelzen etwas stachelhaarig.

Blatt: Spreite sehr breit, $\pm$ 10 bis über 20 mm, mit weißem Mittelstreifen.

Jüngstes Blatt gerollt.

Blattscheide platt, geschlossen.

Ohne Blatthäutchen, ohne Haarkranz und ohne Öhrchen, ohne Haare, nur mit einigen längeren Randhaaren an der Basis der Spreite.

17. Hühnerhirse (*Echinóchloa Crus - galli (L.) Pal. Beauv. - Pânicum Crus-galli L. -*).

Einjährig. Später Frühjahrskeimer. Höhe bis über 1 m, im Mais bis 2 m. Blüht Juli/August.

Stellenweise schlimmes Unkraut auf feuchten, humosen, sandigen oder lehmigen Böden im Garten und in der Hackfrucht. S. 130—131.

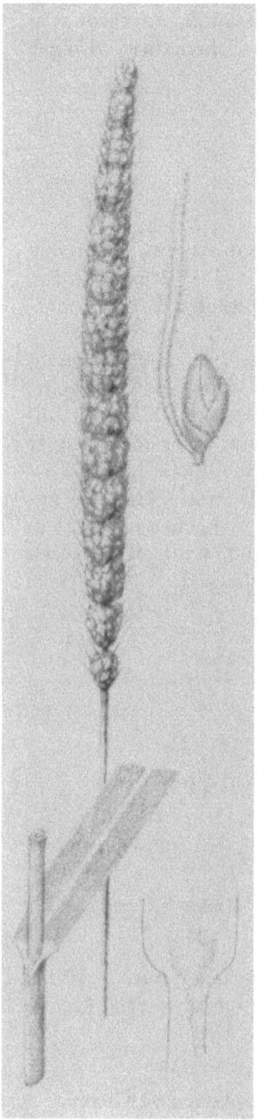

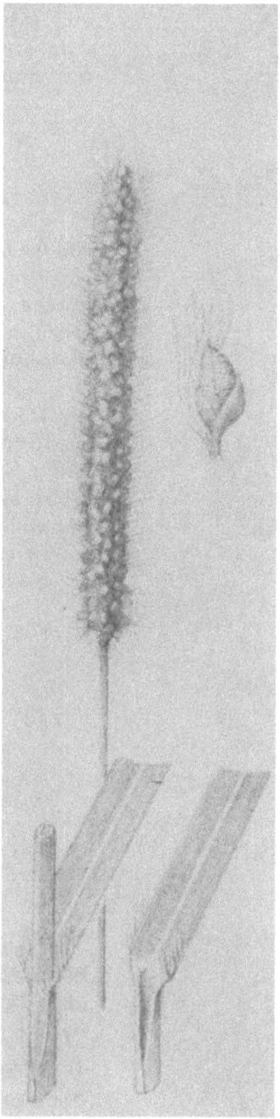

Grüne Borstenhirse (links).

Gelbe Borstenhirse (rechts).

Blütenstand: eine einfache Scheinähre rispiger Herkunft (links), bzw. traubiger Herkunft (rechts).

Ährchen: klein, 2–3 mm lang, Blüten ohne Granne, aber unterhalb des Ährchens mit 2 sehr langen grünen Borsten mit aufwärts gerichteten Zähnen (links) bzw. 5–7 kürzeren gelben, zuletzt fuchsroten Borsten mit aufwärts gerichteten Zähnen (rechts). 3 Hüllspelzen. Deckspelze fein punktiert (links) bzw. quer gerunzelt (rechts).

Blatt: Spreite 4–10 mm breit, mit weißem Mittelstreifen.

Jüngstes Blatt gerollt.

Blätter ohne Öhrchen.

Blattscheide geschlossen, platt.

Haarkranz statt Blatthäutchen.

Haarkranz setzt sich am Blattscheidenrand fort (links) bzw. Blattscheidenrand glatt (rechts).

18. Grüne Borstenhirse (*Setária víridis (L.) Pal. Beauv. – Pánicum viride L. –*).
Einjährig. Höhe bis 50 cm. Blüte Juli/August.
Unkraut auf leichteren Ackerböden. S. 130.

19. Gelbe Borstenhirse (*Setária púmila (Poir.) R. et Schult. – Pánicum gláucum L. –*).
Einjährig. Höhe unter 50 cm. Blüte August/September.
Unkraut auf lehmigeren Ackerböden. S. 130.

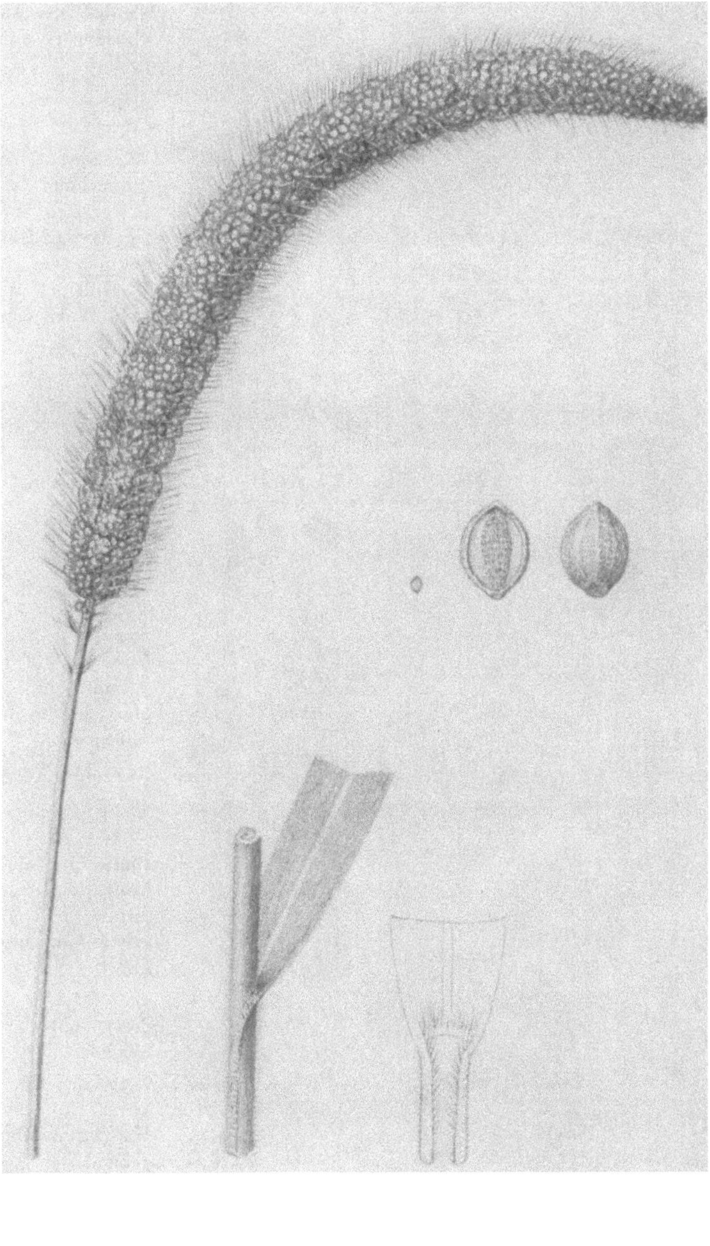

Blütenstand: eine Scheinähre rispiger Herkunft.

Ährchen: klein, einblütig, ohne Grannen, aber mit sehr langen unterhalb der Ährchen angesetzten Borsten.

Same (Spelzfrucht): 2—2,5 mm lang, eiförmig. Deckspelze punktförmig rauh, wie auch das Mittelfeld der Vorspelze. Hüllspelzen in der Handelssaat fehlend.

Tgw. ± 2,8 g.

Blatt: Spreite sehr breit, bis 2 cm, mit weißem Mittelstreifen.

Jüngstes Blatt gerollt.

Blattspreiten unterseits unbehaart, oberseits einige Haare.

Blätter ohne Öhrchen.

Haarkranz statt Blatthäutchen, der sich am Blattscheidenrand fortsetzt.

20. Große Kolbenhirse (*Setária itálica (L.) Pal. Beauv. – Pánicum itálicum L. –*).

Eine Kulturform der Grünen Borstenhirse.

Einjährig. Horstig, gut bestockt. Blüte Juni/Juli. Reife Anfang bis Mitte September.

Als einschnittige Zweitfruchtgrünfutterpflanze bei uns vorgeschlagen. S. 116—117.

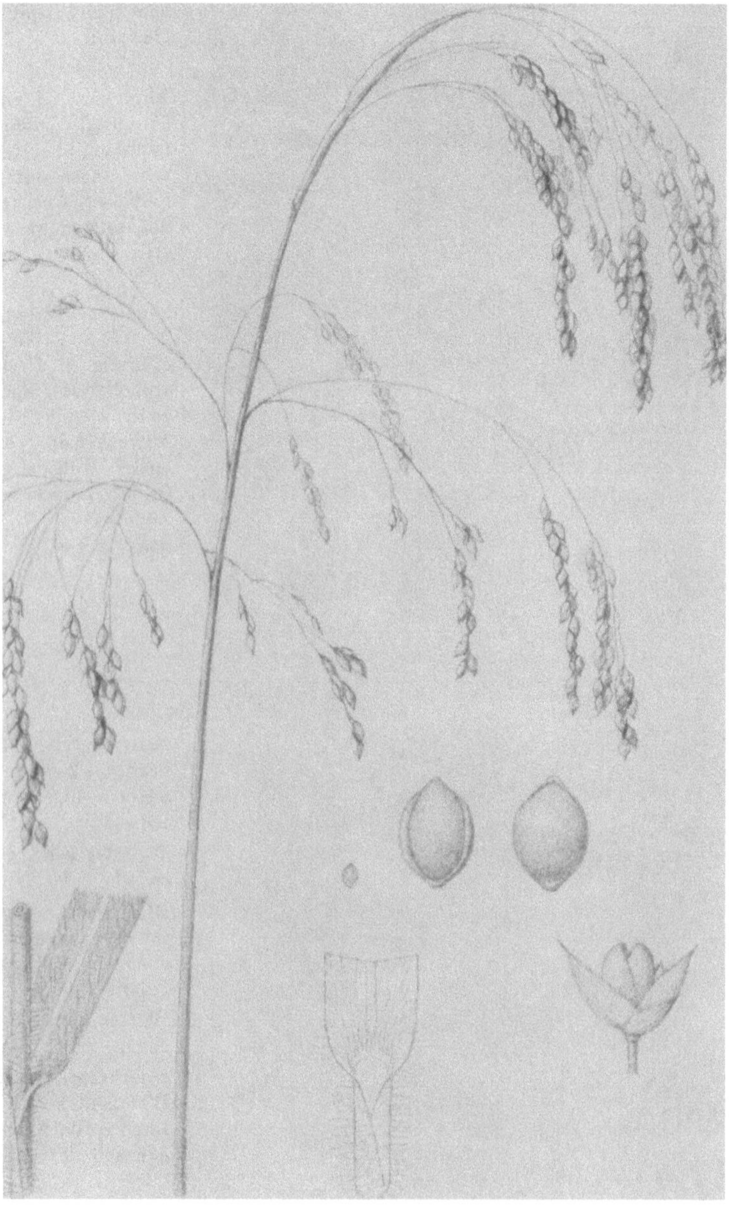

Blütenstand: eine große, überhängende Rispe. Ährchenansatz spindelfern.

Ährchen: 3 bis 4 mm lang, deutlich gestielt. 2blütig, davon 1 Blüte rudimentär.
3 Hüllspelzen, kahl, kurz zugespitzt, Deck- und Vorspelze glänzend.

Same (Spelzfrucht): 2,8 bis 3,2 mm lang, glatt, glänzend, unbegrannt.
Tgw. 5,2—7,8 g.

Blatt: Spreite sehr breit, über 10 mm, mit weißem Mittelstreifen, behaart.
Blattscheide dicht abstehend behaart.
Blatthäutchen kurz, in einen Haarkranz übergehend.

21. Rispenhirse (*Pánicum miliáceum L.*).
Einjährig. Horstig, gut bestockt. Blüte Juni, Reife Ende August, Anfang September.
Als einschnittige Zweitfruchtgrünfutterpflanze vorgeschlagen. S. 116—117.

Blütenstand: eine aufrechte echte Rispe.

Ährchen: zu zweien an einer Ansatzstelle, davon das eine zwitterig, sitzend, das andere männlich, gestielt. Einblütig, 3 Hüllspelzen, Deckspelze mit Granne.

Same (Spelzfrucht) (rechts): 5—6 mm lang, mit 2 Stielchen und Stielansatz.

Tgw. zwischen 8 und 14 g. Links entspelztes nacktes Korn.

Blatt: Spreite sehr breit, über 10 mm, mit weißem Mittelstreifen, kaum behaart.

Jüngstes Blatt gerollt.

Blätter ohne Öhrchen.

Blatthäutchen hoch, deutlich.

22. Sudangras (*Sórgum sudanénse P.*).

Einjährig. Horstig. Höhe bis über 1 m. Blüte Juni/Juli. Reife im Oktober, bei uns aber nur in klimatisch sehr warmen Lagen.

Als ein- bis zweischnittige Zweitfruchtgrünfutterpflanze vorgeschlagen, auch als Stützfrucht im Erbswickgemenge. S. 116/—117.

Vierte Gruppe:

Gräser mit einem Haarkranz anstelle des Blatthäutchens

(Haarkranzblättrige)

Die *grüne* und die *gelbe Borstenhirse*, die *Kolben-* und die *Rispenhirse* haben einen Haarkranz anstelle des Blatthäutchens. Aber diese Hirsen sind schon durch das Hirseblatt so auffällig charakterisiert und so leicht zu erkennen, daß wir sie in der dritten Gruppe der Hirseblättrigen abgetan haben.

Für die vierte Gruppe verbleiben damit nur drei wichtige Grünlandgräser:

das *Pfeifengras*, das auf den schlecht kultivierten Magerwiesen der verschiedensten Feuchtigkeitslagen mit Ausnahme der extrem nassen und der extrem trockenen Lage, insbesondere auch in der wechselfeuchten Lage Bestände bildet. Pfeifengraswiesen waren früher vor Aufkommen der mineralischen Düngung sehr verbreitet, spielen aber leider heute auch noch eine große Rolle,

der *Dreizahn*, der auf ähnlichen Standorten in Heidegegenden vorkommt, aber keine Bestände bildet

und das *Schilfrohr*, dessen Reinbestände am und im Wasser den verschiedensten Zwecken dienen, das auf nassen Wiesen und auch auf Äckern vorkommt, die aber keineswegs unbedingt drainagebedürftig sind.

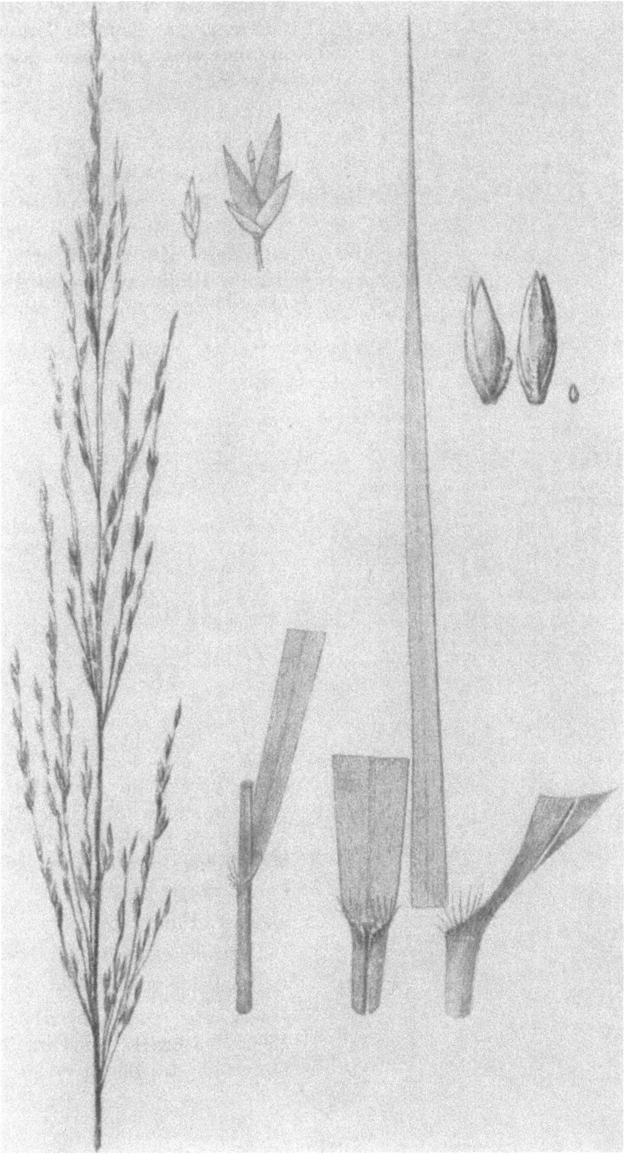

Blütenstand: eine echte Rispe; die Seitenäste sind unregelmäßig verteilt und stehen nur zur Blütezeit ab.

Ährchen: 10 mm lang, zweiblütig, zahlreich, grannenlos.

Same (Spelzfrucht): 3 bis 4,5 mm lang. Deckspelze und Vorspelze klaffen oben auseinander. Stielchen am Ende knopfförmig verdickt, etwas abstehend, schwach behaart.

Blatt: Spreite mittelbreit, selten bis 10 mm, ohne deutliche Riefen, lang, scharf zugespitzt.

Jüngstes Blatt gerollt.

Blätter ohne Öhrchen.

Blattscheide offen.

Haarkranz anstelle des Blatthäutchens.

Halm: scheinbar knotenlos. Knotenanhäufung am Grunde.

23. Pfeifengras, Benthalm (*Molínia coerúlea (L.) Moench.*).

Ausdauernd. G r o ß e H o r s t e. Höhe bis weit über 1 m. Blüte August/September.

Bestandbildend auf magerem unkultivierten Grünland. Leider sind die Pfeifengraswiesen noch häufig anzutreffen. Sie bedürfen der Düngung und meist auch der Wasserregulierung. Landwirtschaftliche Hauptdarstellung. S. 100, 101, 106, 109.

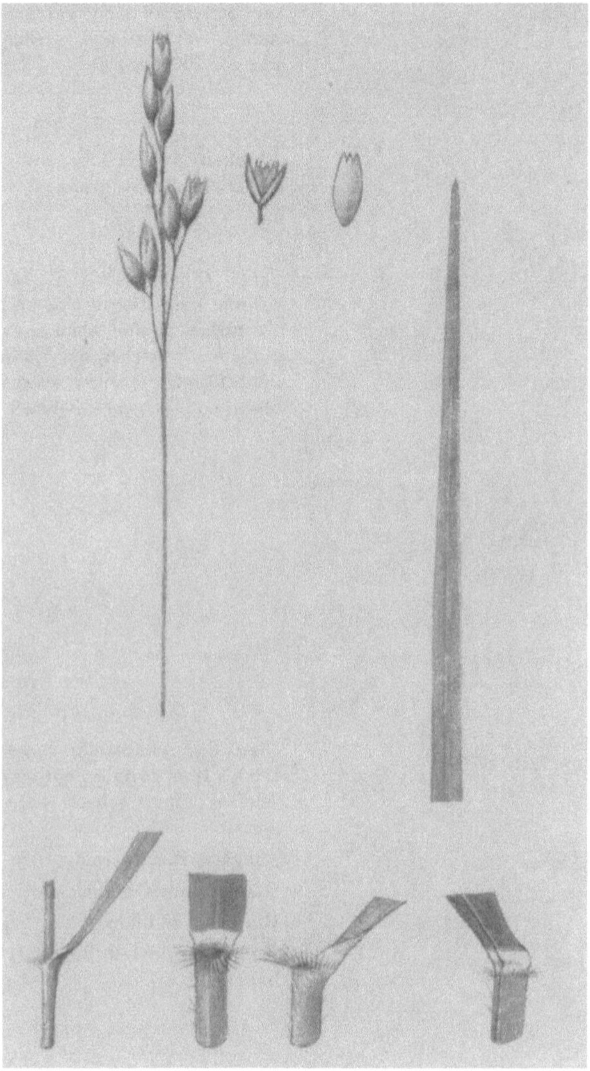

Blütenstand: eine einfache und (seltener) eine doppelte Traube mit nur einer Abzweigung auf jeder Stufe.

Ährchen: aufrecht, groß, 6 bis 12 mm lang, nicht zahlreich, 3—5blütig, oberste Blüte verkümmert. Hüllspelzen schließen die Blüten ein. Deckspelze ohne Granne, aber dreizähnig (Dreizahn!).

Blatt: Spreite nur mittelbreit, 2—5 mm, ohne deutliche Riefen, etwas deutlicher nur die Mittelrinne, starr, fast mit kahnförmiger Spitze.

Jüngstes Blatt gefaltet.

Blätter ohne Öhrchen.

Blattscheide geschlossen.

Haarkranz statt Blatthäutchen, Haarbüschel auch auf der Unterseite des Blattgrundes.

24. Niederliegender Dreizahn (*Sieglíngia decúmbens (L.) Bernh. – Triódia decúmbens Pal. Beauv. –*). Ausdauernd. Horstig. Höhe bis 50 cm. Blüte Juni/Juli. Häufiger auf heidigen mageren Wiesen und Weiden, besonders an viel betretenen Stellen.

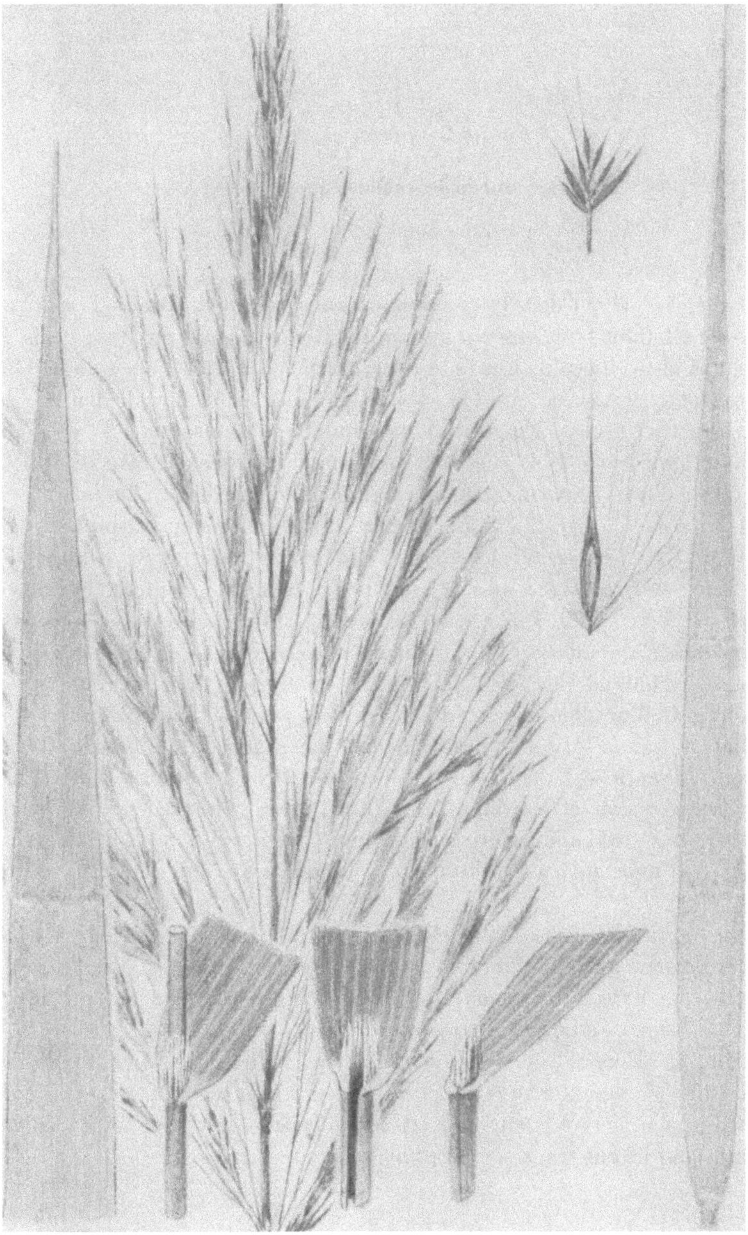

Blütenstand: eine echte Rispe mit zahlreichen unregelmäßig angesetzten Abästungen.

Ährchen: über 10 mm lang, zahlreich, 3- bis 7blütig, die unterste männlich, die übrigen zwitterig mit Haaren an der Blütenachse. Deckspelzen lang, grannenspitzig.

Same (Spelzfrucht): ± 6 mm lang, Deckspelze mit langer Grannenspitze, Haarbüschel am Blütenstiel.

Blatt: Spreite sehr breit, über 10 bis 30 mm, ungerieft, starr, Ränder messerscharf. Haarkranz anstelle des Blatthäutchens.

25. Schilfrohr (*Phragmítes commúnis Trin. – Arúndo phrágmites L. –*).

Ausdauernd. Mit langen daumendicken unterirdischen Ausläufern. Höhe mehrere Meter. Blüte September. Reife im Februar.

Bildet am und im Wasser große Schilfröhrichte, die von größter Bedeutung sind, kommt außerdem auf nassen Wiesen und auf dem Acker als Unkraut vor. Landwirtschaftliche Hauptdarstellung. S. 98, 120—121.

Fünfte Gruppe:

Gräser mit Schienenblättern

(Instruktionstafel S. 7)

Schienenblätter haben vor allem die *Rispengräser* im engeren Sinne, also die Poa-Arten. Wir bringen hier die 6 häufigsten Rispengräser in der Reihenfolge ihrer Bedeutung als landwirtschaftliche Kulturpflanzen. Ein landwirtschaftlich wirklich bedeutendes Gras ist nur die *Wiesenrispe*, brauchbar die *Gemeine Rispe* und nicht ganz bedeutungslos die *Sumpfrispe*. Die als sehr schwierig geltende Bestimmung der einzelnen Arten ergibt sich einwandfrei und ohne große Mühe aus dem Studium der entsprechenden Bildtafeln. Schienenblätter klappen bei Trockenheit leicht zusammen, und in diesem Zustande kann man schmalblättrige Abarten der Wiesenrispe aber auch die Gemeine Rispe leicht für borstblättrig halten. Man überprüfe also immer, ob borstig aussehende Blätter sich entfalten lassen. Echte Borstblätter lassen sich nicht entfalten, sie sind nicht zusammengeklappt, sondern die Blattspreitenhälften *liegen* borstig zusammen. Vielleicht hätten wir noch die *Bergrispe* (Poa Chaíxii Vill.) bringen müssen. Es ist ein Horstgras auf mageren Mittelgebirgsgrünländereien und als Unkraut zu werten, da es so rauh ist wie ein schlechtes Sauergras. Vor allen anderen Rispengräsern zeichnet es sich dadurch aus, daß es breite Blätter hat (5—10 mm breit). Selbst die sogenannten breitblättrigen Kulturformen der Wiesenrispe haben höchstens mittelbreite (4—6 mm) Blätter. Die Blattscheide der Bergrispe ist messerdünn und scharf. Erwähnen wollen wir hier die Bergrispe eigentlich nur, weil die „Bergrispengruppe" in der Pflanzensoziologie als kennzeichnend für den montanen Charakter der Goldhaferwiese gilt, also oft genannt wird.

Außer den Rispengräsern sind die *Mannagräser* schienenblättrig, das *flutende Mannagras* hat neben der Schiene noch Riefen.

Auch einige Haferarten haben Schienenblätter. Wir bringen nur den auf mäßig gedüngtem Grünland häufigen *Flaumhafer*, der behaarte Schienenblätter hat. Alle sonstigen Schienenblätter sind unbehaart. Nicht gebracht haben wir den *Trifthafer*, der früher irreführenderweise als Wiesenhafer bezeichnet wurde, er ist so schmalblättrig, wie die schmalblättrigen Formen der Wiesenrispe, ist aber horstig, hat ein langes spitzes Blatthäutchen und kommt auf trockenen Kalkbodenhutungen vor.

Blütenstand: eine pyramidenförmig aufgebaute echte Rispe mit 5 Abästungen auf den unteren Stufen (1 längerer Ast nach vorn, 2 etwas kürzere nach hinten, zwei noch kürzere dazwischen). Abästungen einseitswendig, aber die einzelnen Stufen abwechselnd etwas versetzt.

Ährchen: 5—7 mm lang, viel (3 bis 5)-blütig, grannenlos.

Same (Spelzfrucht): ± 2,6 mm lang. Strohgelb, dreikantig, nicht so schlank wie bei Póa triviális. Deckspelze derb, nicht hautrandig, das Korn scheint nicht durch, mit Wollhaaren am Grunde. Vorspelze wenig sichtbar. Ihre Kiele lang und entfernt gezähnt. Stielchen kürzer und auch etwas dicker als bei Póa triviális. Tgw. 0,25 g.

Blatt: Spreite schmal (bei v. angustifolia 1—2 mm breit) oder mittelbreit (bei v. latifolia 2—4—6 mm breit). Geschient, sonst ohne Riefen, unbehaart, parallelrandig mit kahnförmiger Spitze.

Jüngstes Blatt gefaltet, Blatttriebe zweischneidig.

Blätter ohne Öhrchen.

Blattscheide offen.

Blatthäutchen kurz, gerade abgestutzt, an Halmblättern länger.

Halm: glatt.

26. Wiesenrispe (*Póa praténsis L.*).

Ausdauernd. Mit kräftigen 1 mm starken unterirdischen nichtgrünen Ausläufern. Höhe unter 1 m. Blüte Anfang Juni. Reife 3 Wochen vor dem Roggen.

In der breitblättrigen Form v. latifolia das wertvollste Dauerweidegras auf allen Lockerböden. Landwirtschaftliche Hauptdarstellung S. 101, 103, 107—111, 125. In der minderwertigen schmalblättrigen Form v. angustifolia häufig auf trockenem Grasland S. 107.

Blütenstand: eine pyramidenförmig aufgebaute echte Rispe mit 5 Abästungen auf den unteren Stufen (1 längerer Ast nach vorn, 2 etwas kürzere nach hinten, 2 noch kürzere dazwischen). Abästungen einseitswendig, aber die einzelnen Stufen abwechselnd etwas versetzt.

Ährchen: 4—5 mm lang, viel (3 bis 4)-blütig, grannenlos.

Same (Spelzfrucht): ± 2,4 mm lang, rötlich gelb, sehr scharf dreikantig, schlank, spitz, Deckspelze zart, das Korn scheint durch, bernsteinfarbig, ohne Haare (Wolle) am Grunde, Same fällt deshalb leicht aus. Vorspelze wenig sichtbar, ihre Kiele kurz und dicht gezähnt. Stielchen lang (über 0,5 mm), dünn, mit napfförmiger Spitze.

Tgw. 0,2 g.

Blatt: Spreite schmal bis mittelbreit, 1,5 bis 6 mm, geschient, sonst ohne Riefen, unbehaart, spitz zulaufend, unterseits stark glänzend.

Jüngstes Blatt gefaltet, Blatttriebe zweischneidig.

Blätter ohne Öhrchen.

Blattscheide offen.

Blatthäutchen lang, zungenförmig, bei jungen Blättern oft kurz aber immer schon in der Mitte etwas emporgezogen.

Halm: aufwärts rauh.

27. Gemeine Rispe (*Póa triviális L.*).

Als Grünlandpflanze ausdauernd mit dünnen, halboberirdischen grünlichen Ausläufern. Als Ackerunkraut überjährig. Höhe bis 1 m. Blüte Ende Mai/Anfang Juni, Ernte 3—4 Wochen vor dem Roggen.

Wichtiges Untergras auf feuchten Wiesen. Dortselbst auch wichtiges Weidegras. Aber kaum ansaatwürdig. Ackerunkraut auf etwas feuchten Äckern im Klee. Landwirtschaftliche Hauptdarstellung S. 101, 102, 106, 108, 125.

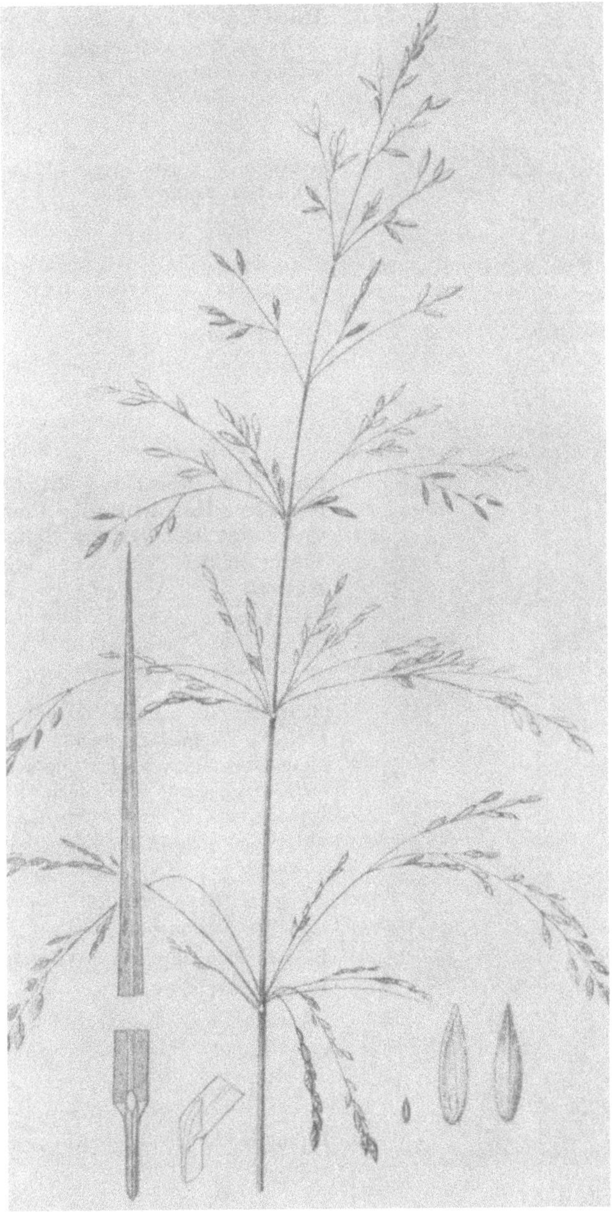

Blütenstand: eine pyramidenförmige, aber mehr hängende, große echte Rispe mit zahlreichen Abästungen auf den unteren Stufen.

Ährchen: 4 bis 5 mm lang, viel (3—4)-blütig, grannenlos. Spitze der Deckspelze deutlich gelb abgesetzt.

Same (Spelzfrucht): $\pm$ 2,4 mm, nicht scharf dreikantig. Deckspelze etwas hautrandig, am Grunde mit Wollhaaren, Spitze deutlich gelb abgesetzt. Vorspelzenkiele lang und weit gezähnt. Stielchen lang. Tgw. 0,2 g.

Blatt: Spreite schmal bis mittelbreit, 2—6 mm, geschient (nach der Spitze zu nicht mehr deutlich), sonst ohne Riefen, unbehaart, spitz zulaufend, unterseits nicht glänzend.

Jüngstes Blatt gefaltet, Blatttriebe zweischneidig.

Blätter ohne Öhrchen.

Blattscheide offen.

Blatthäutchen lang, weiß, rundspitzig.

28. Sumpfrispe, Fruchtbare Rispe, Späte Rispe (*Póa palústris L. – Póa fértilis Host., Póa serótina Ehrh. –*).

Ausdauernd, horstig. Höhe bis 1 m. Blüte Ende Juni. Reife mit dem Roggen.

Wild namentlich in den Großseggenriedern vorkommend. Angeboten zur Ansaat etwas zu nasser Wiesen. Aber dort weniger brauchbar als Rohrglanzgras und Weißstraußgras. Auf Weiden unbrauchbar, wird grün nicht gern gefressen und verträgt auch das Beweiden nicht.

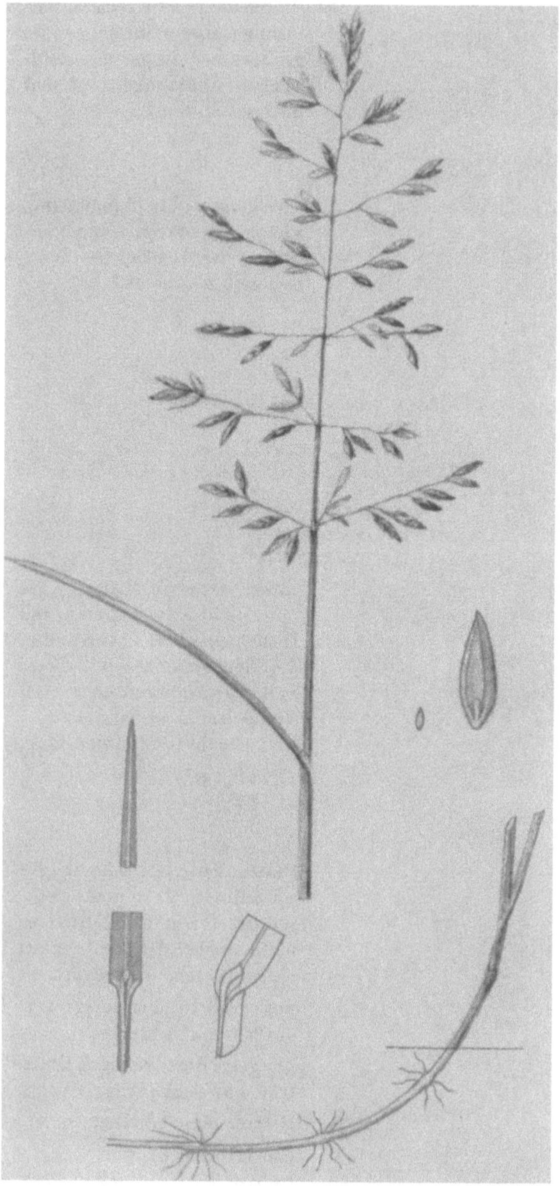

Blütenstand: eine walzliche echte Rispe (oder doppelte Traube) mit meist nur drei Abästungen auf den unteren Stufen.

Ährchen: 4—5 mm lang, viel (über 3-)blütig, grannenlos.

Same (Spelzfrucht): ± 2,1 mm. Nicht so scharf dreikantig. Deckspelze mit kahnförmiger Spitze. Vorspelzenkiele kurz und dicht gezähnt.

Tgw. 0,2 g.

Blatt: Spreite schmal bis mittelbreit, 1—4 mm, geschient, sonst ohne Riefen, nach der Spitze zu sich verjüngend, aber doch mit kahnförmiger Spitze, unbehaart, unterseits nicht glänzend, graugrün.

Jüngstes Blatt gefaltet, Blatttriebe zweischneidig.

Blätter ohne Öhrchen.

Blattscheide offen.

Blatthäutchen deutlich, kragenförmig, weiß.

Halm: zweischneidig, knickig aufsteigend.

29. Platthalmrispe (*Póa compréssa L.*).

Ausdauernd. Mit derben unterirdischen Ausläufern. Höhe bis 50 cm. Blüte Anfang Juni. Wild auf Mauern und an trockeneren Rainen häufig. Als „Canadian bluegrass" im Handel gelegentlich angeboten. Liegt in Canada auch in mehreren Zuchtsorten vor für trockenere und dürftigere Verhältnisse, als Wiesenrispe sie verlangt. Bei uns landwirtschaftlich bedeutungslos. Nicht mit dem „Kentucky bluegras" verwechseln, das eine Wiesenrispe ist und von den berühmten Blaugrasweiden Kentuckys stammt.

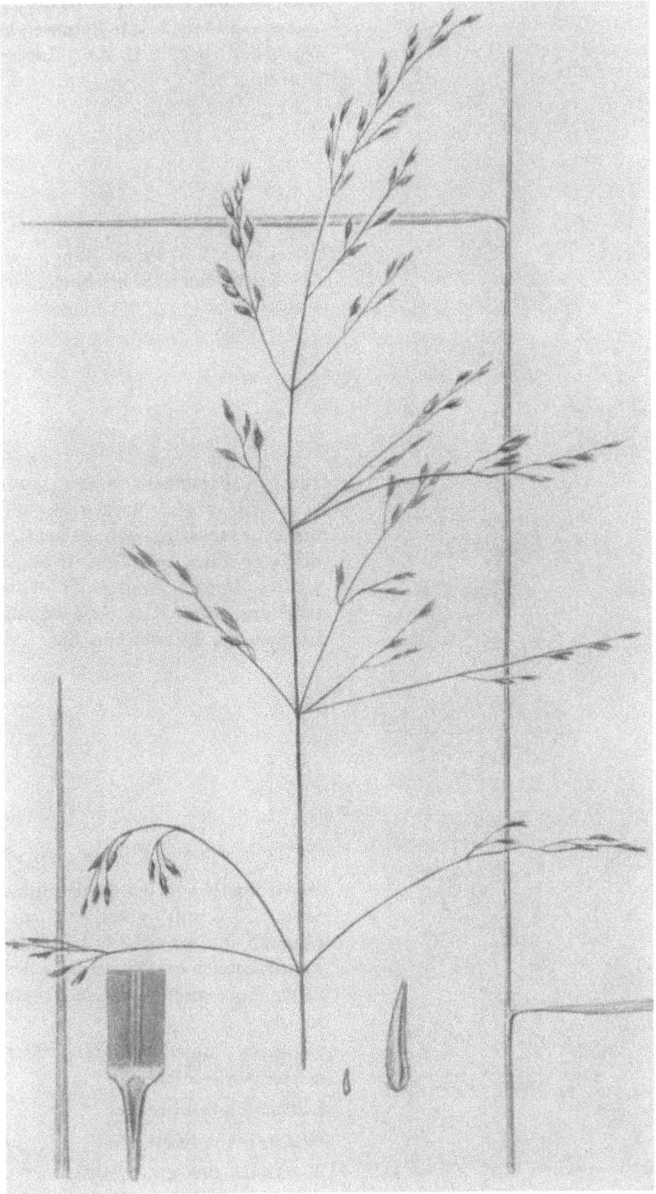

Blütenstand: eine locker besetzte echte Rispe (oder doppelte Traube) mit meist nur drei Abästungen auf den unteren Stufen.

Ährchen: 3—5 mm lang, mehr (2—5)-blütig, grannenlos.

Same (Spelzfrucht): ± 2,6 mm. Nicht so dreikantig, schmal, Stielchen lang und zottig behaart.

Tgw. 0,2 g.

Blatt: Spreite schmal bis mittelbreit, 1–3 mm, geschient (nach der Spitze zu nicht deutlich), sonst nicht gerieft, nach der Spitze zu sich verjüngend aber doch mit etwas kahnförmiger Spitze, unbehaart.

Jüngstes Blatt gefaltet, Blatttriebe zweischneidig.

Blätter ohne Öhrchen.

Blattscheide offen.

Blatthäutchen unscheinbar klein.

Halm: Die Spreiten der Halmblätter gehen rechtwinklig ab (Wegweisergras).

30. Hainrispe (*Póa nemorális L.*).

Ausdauernd. Horstig. Höhe bis 1 m. Blüte Juni.

Häufig und gesellig in Laubmischwäldern auf leichteren Böden. Treibt sehr früh aus. Bei uns landwirtschaftlich ohne jede Bedeutung.

Blütenstand: eine echte Rispe mit nur einem Ast (2 Äste kommen gelegentlich vor) auf den unteren Stufen.

Ährchen: 3—10 mm lang, viel (3—5 und noch mehr)-blütig, unbegrannt.

Same (Spelzfrucht): fast 3 mm lang, dreikantig. Deckspelze oben breit hautrandig. Vorspelzenkiele nicht gezähnt, sondern mit langen weißen Haaren besetzt. Stielchen lang und dünn. Caryopse kugelig, Spelzfrucht deshalb bauchig.

Blatt: Spreite schmal bis mittelbreit, 1—5 mm, geschient, sonst ohne Riefen, parallelrandig mit kahnförmiger Spitze, querrunzelig, nicht glänzend aber hellgrün.

Jüngstes Blatt gefaltet, Blatttriebe zweischneidig.

Blätter ohne Öhrchen.

Blattscheide offen.

Blatthäutchen groß, weiß.

31. Jährige Rispe (*Póa ánnua L.*).

Überjährig und einjährig. Höhe bis 30 cm. Blüht und fruchtet das ganze Jahr hindurch.

Allerweltsgras. Besonders an Wegen, aber auch auf intensiv bewirtschafteten oder überanstrengten Dauerweiden und als Ackerunkraut besonders in der Luzerne.

Blütenstand: eine sehr große, bis 50 cm lange, allseitswendige echte Rispe mit vielen Ährchen.

Ährchen: groß, ± 10 mm lang, zahlreich, vielblütig, grannenlos.

Same (Spelzfrucht): $\pm$ 3,5 mm lang, Deckspelze gewölbt mit 7 deutlichen Nerven. Vorspelze punktiert.

Blatt: Spreite sehr breit, 8—20 mm, geschient, ohne sonstige Riefen, parallelrandig mit kahnförmiger Spitze, kahl.

Jüngstes Blatt gefaltet.

Blätter ohne Öhrchen

Blattscheide geschlossen, zweischneidig.

Blatthäutchen mittelgroß, weiß, in eine Spitze auslaufend.

Querverbindungen zwischen den Gefäßbündeln in Blattscheide und -spreite.

32. Hohes Mannagras (*Glycéria máxima (Hartm.) Holmb. – Gl. aquatica Wahlb. –*).

Ausdauernd. Mit langen dicken unterirdischen Ausläufern. Höhe bis 2 m und mehr. Blüte Juni bis August.

Bildet auf sehr nassen wasserzügigen Überschwemmungsflächen hochertragreiche Militzwiesen, die aber oft wegen schlechter Zugänglichkeit schwer nutzbar sind und wegen des Besatzes mit Giftkräutern und des Befalls mit Pilzen nicht ungefährlich sind. Landwirtschaftliche Hauptdarstellung S. 99, 100.

Blütenstand: eine sehr lange doppelte Traube mit meist nur 2 Abästungen auf den unteren Stufen.

Ährchen: sehr lang, 10–25 mm, schmallänglich, viel-(7–15)blütig, grannenlos. Ährchen den Tragästen angeschmiegt.

Same (Spelzfrucht): ± 6 mm lang, Deckspelze gewölbt mit 7 kräftigen Nerven. Stielchen sehr lang, $^1/_3$ bis $^1/_2$ des ganzen Samens.

Blatt: Spreite mittelbreit bis breit, 5–10 mm, geschient und außerdem noch gerieft, sogar auch unterseits, spitz zulaufend, kahl.

Jüngstes Blatt gefaltet.

Blätter ohne Öhrchen.

Blattscheide geschlossen, zweischneidig.

Blatthäutchen lang, spitz, dreieckig. Querverbindungen zwischen den Gefäßbündeln in Blattscheide und -spreite.

33. Flutendes Mannagras (*Glycéria flûitans (L.) R. Br.*).

Ausdauernd. Mit unterirdischen Ausläufern. Höhe bis über 1 m. Blüte Juni/Juli.

Im Wasser und in Gräben. Die Samen wurden früher an solchen Standorten zur Reifezeit abgestreift und als Mannagrütze verwendet. Aber auch auf den Militzwiesen und vor allem auch auf nassen Weiden, da es im Unterschied zu den beiden hohen Militzgräsern nicht trittempfindlich ist. Landwirtschaftliche Hauptdarstellung S. 106.

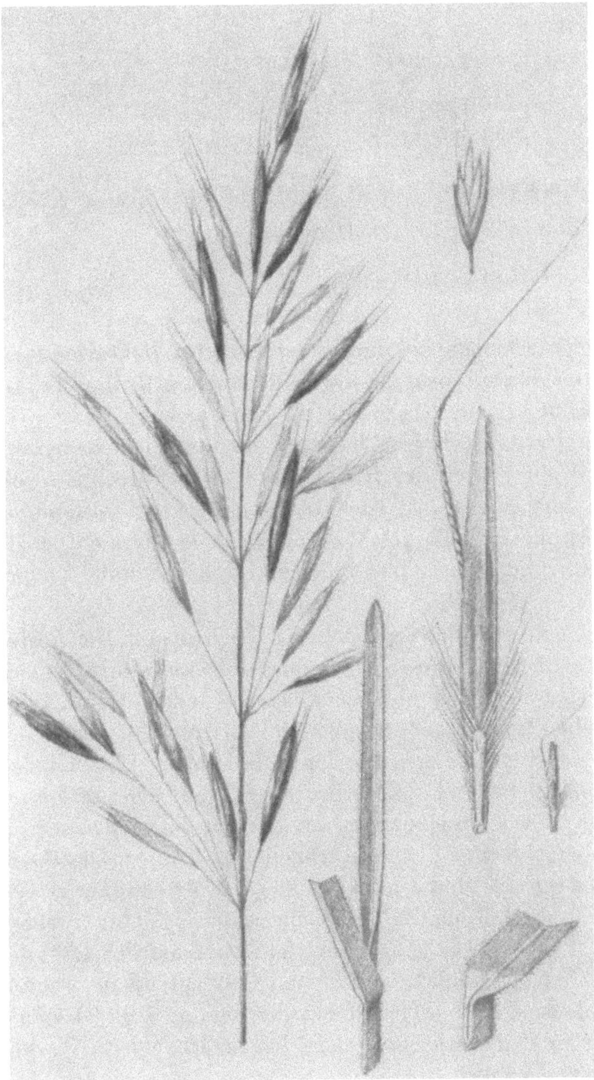

Blütenstand: eine einfache bis doppelte Traube mit mehreren Abästungen auf den unteren Stufen.

Ährchen: groß (± 20 mm), 3- und mehrblütig. Jede Blüte fruchtbar und mit einer langen purpurroten Rückengranne, also mindestens 3 purpurrote Rückengrannen je Ährchen.

Same (Spelzfrucht): sehr groß, 10—13 mm lang, mit sehr langer geknieter und gedrehter Rückengranne. Stielchen lang und mit sehr langen Haaren.

Blatt: Spreite schmal bis mittelbreit, 2—6 mm, geschient ohne sonstige Riefen, parallelrandig mit kappenförmiger Spitze, bewimpert (das einzige behaarte Schienenblatt der deutschen Flora).

Jüngstes Blatt gefaltet.

Blätter ohne Öhrchen.

Blattscheide geschlossen.

Blatthäutchen ein kurzer Kragen.

34. Flaumhafer (*Helictótrichon pubéscens (Huds.) Pilger – Avéna pubéscens Huds.* –).

Ausdauernd. Horstig. Höhe über 50 cm. Blüte Mai/Juni.

Häufig auf mäßig gedüngten Dauerwiesen in frisch-feuchter, frischer und auch etwas trockener Lage. Weicht besserer Kultur und auch der Beweidung S. 101.

Sechste Gruppe:

Gräser mit auffällig geschlossener Blattscheide

(Die Bromus- oder Trespenblättrigen)

Instruktionstafel S. 7

Das in der fünften Gruppe bei den Schienenblättrigen untergebrachte *Hohe Mannagras* hat auffällig geschlossene Blattscheiden, ebenfalls die in der dritten Gruppe bei den Hirseblättrigen abgehandelte *Hühnerhirse.* Aber auch bei noch anderen Gräsern der vorhergehenden Gruppen ist die Blattscheide geschlossen, wenn auch nicht immer sehr auffällig. Alle diese Gräser sind aber durch das Hauptmerkmal ihrer Gruppe so eindeutig charakterisiert, daß sie dort eingeordnet sind. In dieser sechsten Gruppe verbleiben somit nur solche Gräser mit auffällig geschlossener Scheide, die nicht zu den vorhergehenden Gruppen gehören, und das sind im Großen und Ganzen nur die *Trespen-* oder *Bromusarten.*

Die Trespengräser sind bei uns landwirtschaftlich nicht sehr bedeutsam. Die *Roggentrespe* war allerdings früher eines der schlimmsten Wintergetreideunkräuter, ist aber mit der verbesserten Saatgutreinigung mehr und mehr verschwunden. Heute ist sie züchterisch bearbeitet, liegt in einer Bernburger Sorte vor und wird als Winterzwischenfutterpflanze empfohlen. Die *Grannenlose Trespe* ist in den mehr kontinentalen Ländern eines der wichtigsten Futtergräser, hat bei uns bisher aber kaum eine Bedeutung gewonnen, die *Aufrechte Trespe* ist ein brauchbares Gras, das auf Trockenwiesen Bestände bildet, es wäre aber besser, ihre Standorte ackerbaulich zu nutzen. Die *Weiche Trespe* und die verwandte *Traubentrespe* sind Unkräuter lückiger Wiesen; für gewisse Standorte ist die letztere so typisch, daß man in der Pflanzensoziologie von *Traubentrespenwiesen* spricht. *Dachtrespe* und *Taube Trespe* sind landwirtschaftlich fast ohne jede Bedeutung, sie werden nur mit aufgeführt, weil sie an den Wegrändern so häufig sind. Die *Ackertrespe* ist abschließend mit aufgenommen worden, weil in Dänemark Sorten herausgezüchtet sind, die auf den allerleichtesten Böden das Italienische Raygras im Winterzwischenfutterbau ersetzen sollen.

Die Trespengräser sind blütenlos an den auffällig geschlossenen Blattscheiden ohne weiteres zu erkennen (unter Berücksichtigung der eingangs gegebenen Einschränkung, ob das vorliegende Gras nicht zu einer der vorherigen Gruppen gehört). Die Blätter sind zudem meist behaart, nur bei der *Wehrlosen Trespe* nicht, die man aber gerade deshalb auf den ersten Blick erkennt. Die Unterscheidung der einzelnen Arten voneinander im blütenlosen Zustande ist sehr einfach. Hingewiesen sei nur auf das kahle Blatt der *Wehrlosen Trespe*, auf die kahle Blattscheide der *Roggentrespe*, auf die kammförmige Bewimperung der Blattspreiten der *Aufrechten Trespe*, auf das große, weiße, tief gefranste Blatthäutchen der *Tauben Trespe* u. a. m. Wenn man außerdem noch die *Lebensdauer* (ob ein- oder mehrjährig), die Wuchsform (ob horstig oder mit Ausläufern) und den Standort (ob auf dem Acker, auf dem Grünlande oder am Wegrand) mit berücksichtigt, ist ein Irrtum fast ausgeschlossen, vollends aber dann, wenn man die folgenden Abbildungen und die Beschriftungen dazu genau studiert.

Im *Blütenzustande* sind die Trespengräser durch die doppelten Trauben mit den mehr als 2 Abästungen auf den unteren Stufen und den großen Ährchen mit etwas unter der Spitze der Deckspelze angesetzter Granne charakterisiert. Nur die *Wehrlose Trespe* hat keine Grannen, aber die sonstigen Merkmale genügen zur sicheren Erkennung. Den Bildern und Beschriftungen braucht kaum etwas hinzugefügt zu werden. Aufmerksam gemacht sei nur auf die Form der Ährchen: bei der *Tauben-* und *Dachtrespe* spachtelförmig, bei der *Weichen Trespe und ihren Verwandten* eiförmig und bei der *Wehrlosen Trespe* und *Aufrechten Trespe* lanzettlich.

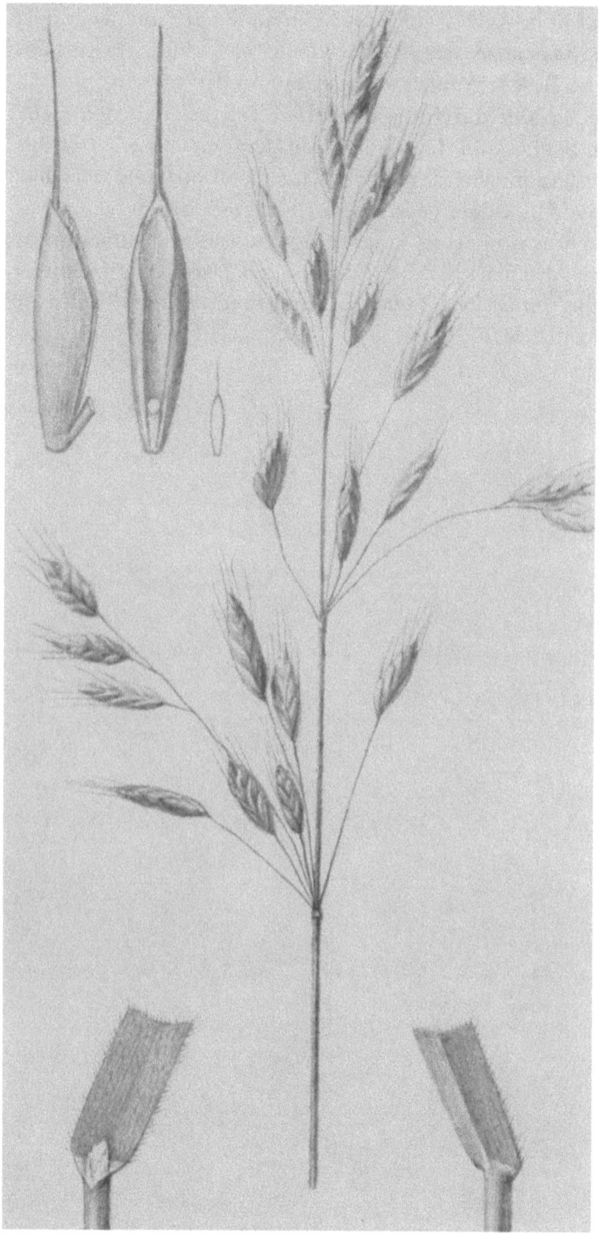

Blütenstand: eine Doppeltraube mit mindestens 5 Abästungen auf den unteren Stufen.

Ährchen: groß, über 10 mm, vielblütig, über 5 Blüten im Ährchen. Deckspelzen stumpf mit bogenförmigen Seitenrändern, begrannt, Grannenansatz etwas unterhalb der Spitze.

Same (Spelzfrucht): 7—9 mm lang. Deckspelze mit dickem Mittelnerv und schwächeren Seitennerven, Grannenansatz etwas unterhalb der Spitze. Same unbehaart.

Tgw. 11—12 g.

Blatt: Spreite mittelbreit, 4—10 mm, ohne deutliche Riefen, an der Oberseite behaart. Jüngstes Blatt gerollt.

Blattscheide geschlossen, unbehaart.

Blätter ohne Öhrchen.

Blatthäutchen deutlich, weiß, rundlich, eingekerbt.

35. Roggentrespe (*Brómus secalínus L.*).

Überjährig und auch einjährig. Höhe bis 1 m. Blüte bei Herbstsaat Juni, bei Frühjahrssaat Juli, Reife im Juli bzw. im August.

Früher schlimmes Unkraut in der Winterung. Heute als Unkraut fast verschwunden. Neuerdings von Bernburg als Futterpflanze züchterisch bearbeitet und herausgebracht. S. 118—119, 131.

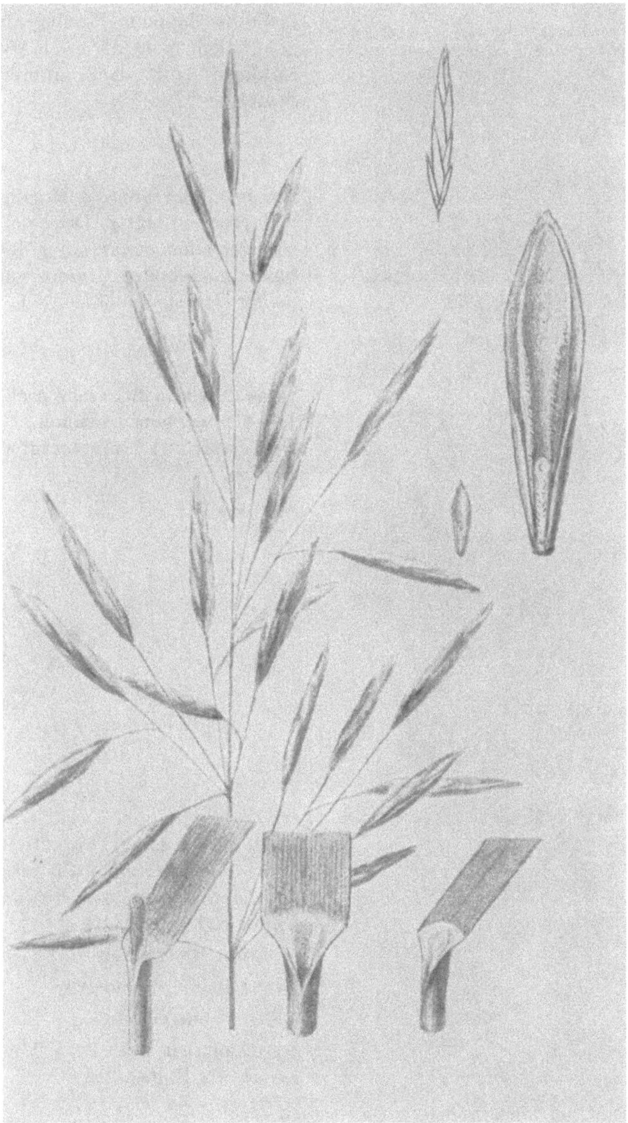

Blütenstand: eine einfache bis doppelte Traube mit gewöhnlich mehr als 2 Abästungen auf den unteren Stufen.

Ährchen: sehr groß, ±20 mm, vielblütig, über 6 Blüten im Ährchen, ohne Grannen, Deckspelzen höchstens grannenspitzig.

Same (Spelzfrucht): sehr groß, 10–13 mm lang, von schmutzig grauer, braunvioletter Farbe.

Tgw. ± 3,8 g.

Blatt: Spreite mittelbreit bis breit, ± 8 mm, ohne deutliche Riefen, unbehaart.

Jüngstes Blatt gerollt.

Blattscheide geschlossen, unbehaart.

Blätter ohne Öhrchen.

Blatthäutchen kurz, aber deutlich.

36. Wehrlose Trespe, Grannenlose Trespe (*Brómus inérmis Leyss.*).

Ausdauernd. Mit langen unterirdischen, queckenartigen Ausläufern (Quecktrespe). Höhe bis über 1 m. Blüte Ende Juni. Reife mit oder kurz vor dem Roggen.

Ein absolut winterfestes, Trockenheit und auch Überschwemmung vertragendes massenwüchsiges Gras, das in kontinentalen Ländern zu den wichtigsten Futtergräsern gehört. Bei uns heimisch nur an Wegrändern in den Gebieten mit kontinentaler Tönung. Von einiger Bedeutung bei der Ansaat periodisch erneuerter Wiesen auf zur Austrocknung neigendem Niedermoor S. 104.

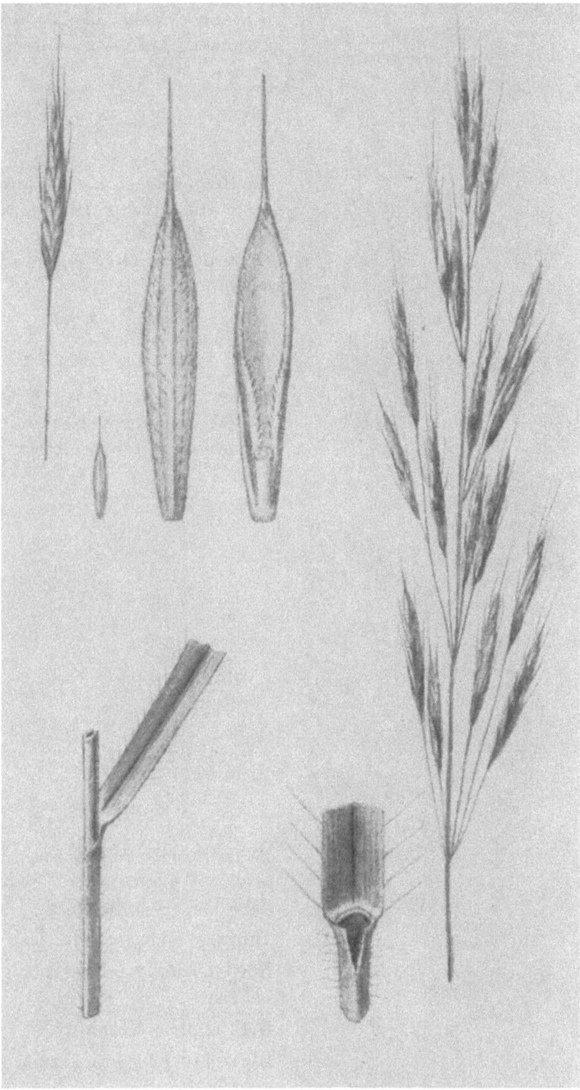

Blütenstand: eine aufrechte einfache bis doppelte Traube mit gewöhnlich mehr als zwei Abästungen auf den unteren Stufen.

Ährchen: sehr groß, ± 20 mm, viel (über 5)-blütig, Deckspelzen mit einer etwas unter der Spitze angesetzten Granne von halber Deckspelzenlänge.

Same (Spelzfrucht): sehr groß, 11—14 mm lang, schlank, Deckspelze mit 3 ausgeprägten Nerven.

Tgw. 3,1 g.

Blatt: Spreite schmal bis mittelbreit, 3—6 mm, mit nicht sehr deutlichen Riefen, am Rande kammartig bewimpert.

Jüngstes Blatt gefaltet.

Blattscheide geschlossen.

Blätter ohne Öhrchen.

Blatthäutchen sehr kurz, kürzer als der Blattgrund.

37. Aufrechte Trespe, Burst (*Brómus eréctus Huds.*).

Ausdauernd. Horstig. Höhe bis 1 m. Blüte Mai/Juni.

Das Gras der Trocken- und Magerwiesen in Kalkgegenden. Dort von einiger Bedeutung. Ackerbauliche Nutzung der Flächen ist aber meist anzuraten. S. 103, 113.

Blütenstand: eine einfache bis doppelte Traube mit mehr als zwei Abästungen auf den unteren Stufen, aber sehr spindelnahem Ährchenansatz und dadurch gedrungen.

Ährchen: groß, mit Grannen ± 20 mm, oval, vielblütig, mehr als 4 Blüten. Grannen etwas unterhalb der Deckspelzenspitze angesetzt, von Deckspelzenlänge. Deckspelze behaart.

Same (Spelzfrucht): ± 8 mm lang, Deckspelze mit stumpfwinkligen Seitenrändern, behaart (bogenförmig und nicht behaart bei B. racemósus). Grannen unter der Deckspelzenspitze angesetzt, von Deckspelzenlänge.

Blatt: Spreite mittelbreit, 4–6 mm, mit nicht sehr deutlichen Riefen, weich behaart.

Jüngstes Blatt gerollt.

Blattscheide geschlossen, dicht behaart.

Blätter ohne Öhrchen.

Blatthäutchen klein aber deutlich, fein gezähnelt.

38. Weiche Trespe *Brómus móllis L. – Brómus hordeáceus Beck non L. –).*

Überjährig. Wintergrüne kleine Horste. Höhe bis 50 cm. Blüte Mai/Juni.

Ertragsarmes minderwertiges Gras auf nicht feuchten, mehr frischen und auch trockenen, lückigen, zu spät geschnittenen Wiesen. Wegen des frühen Wachstums und frühen Samenausfalls eines der schlimmsten Unkräuter im Grassamenbau. Saat früher als „Deutsches Raygras" angeboten.

39. Traubentrespe (*Brómus racemósus L.*).

Überjährig. Wintergrüne Horste. Höhe über 50 cm. Blüte Juni.

Auf mehr feuchten Wiesen oft so regelmäßig, daß von Traubentrespenwiesen gesprochen wird. Aber selten bestandbildend. Landwirtschaftlich ohne Bedeutung, sonst nicht viel besser zu bewerten als die Weiche Trespe, wenn auch etwas wüchsiger.

Blütenstand: eine einfache bis doppelte Traube oder auch echte Rispe mit mehr als zwei Abästungen auf den unteren Stufen, mit spindelnahem Ährchenansatz, die Ährchen hängen schlaff nach unten.

Ährchen: groß, mit Grannen etwa 20 mm, nach oben hin sich spachtelförmig verbreiternd, vielblütig, mehr als 4 Blüten, Grannen kurz unter der Deckspelzenspitze angesetzt, so lang etwa wie die Deckspelze.

Blatt: Spreite schmal bis mittelbreit, 2—4 mm, mit nicht sehr deutlichen Riefen, kurz behaart.

Jüngstes Blatt gerollt.

Blattscheide geschlossen, kurz zottig behaart.

Blätter ohne Öhrchen.

Blatthäutchen kurz, aber deutlich, rund, fein gezähnelt.

40. Dachtrespe (*Brómus tectórum L.*).

Überjährig. Höhe unter 50 cm.Blüte Mai/Juni.

Sehr häufig an warm-trockenen Schuttstellen und Straßenrändern. Ohne jede landwirtschaftliche Bedeutung.

Blütenstand: eine einfache bis doppelte Traube mit mehr als zwei Abästungen auf den unteren Stufen, mit spindelfernem Ährchenansatz, die Ährchen hängen graziös über (Peitschengras).

Ährchen: groß, mit Grannen über 20 mm, nach oben hin sich spachtelförmig verbreiternd, vielblütig, mehr als 4 Blüten, Grannen kurz unter der Deckspelzenspitze angesetzt, so lang wie die Deckspelzen und auch länger.

Blatt: Spreite mittelbreit, ± 5 mm, mit nicht sehr deutlichen Riefen, spärlich mit längeren Haaren besetzt.

Jüngstes Blatt gerollt.

Blattscheide geschlossen, behaart.

Blätter ohne Öhrchen.

Blatthäutchen groß, weiß, tief gefranst.

41. Taube Trespe (*Brómus stérilis L.*).

Überjährig. Höhe bis über 50 cm. Blüte Mai/Juni.

Sehr häufig an warm-trockenen Schuttstellen und Straßenrändern. Gelegentlich auch Unkraut in Luzerne, aber landwirtschaftlich doch fast bedeutungslos.

Blütenstand: eine überhängende einfache bis doppelte Traube mit vielen Ästen auf den unteren Stufen und spindelfernem Ährchenansatz.

Ährchen: sehr groß, 1—2 cm lang, 4—10-blütig, die Grannen entspringen etwas unter der Deckspelzenspitze.

Same (Spelzfrucht): 6—8 mm lang, schmallänglich, Granne etwas unter der Deckspelzenspitze angesetzt, von Deckspelzenlänge. Vorspelze am Rande weitläufig bewimpert.

Blatt: Spreite mittelbreit, 2—5 mm, behaart.

Jüngstes Blatt gerollt. Blattscheide geschlossen, zottig behaart. Blatthäutchen mittelgroß, fein gekerbt.

42. Ackertrespe (*Brómus arvénsis L.*).

Überjährig. Höhe bis 1 m. Blüte Ende Juni.

In gewissen Gegenden häufig an trocken-warmen Schuttstellen. Wegen der späteren Blüte im Gegensatz zur Weichen Trespe kein Wiesenunkraut und nur selten ein Unkraut im Grassamenbau. In Dänemark gezüchtet als Ersatz des Welschen Weidelgrases im Winterzwischenfutterbau auf leichten Böden, aber bisher ohne größeren Anbau. S. 119.

Siebente Gruppe:

Gräser mit (kahlen) Riefenblättern

(Instruktionstafel S. 7)

Wir hatten bei der Gruppeneinteilung nach Blattmerkmalen nur von Riefenblättrigen gesprochen, da wir aber das *Weiche* und das *Wollige Honiggras*, den *Glatthafer*, den *Goldhafer* und das *Ruchgras*, die mehr oder weniger behaarte riefige Blattspreiten haben, als Leichtkenntliche vorweggenommen, und die Trespengräser, deren mehr oder weniger riefige Blattspreiten auch behaart sind, in der sechsten Gruppe abgetan haben, verbleiben hier in der siebenten Gruppe der Riefenblättrigen von den landwirtschaftlich wichtigen Arten nur Gräser mit unbehaarten Blättern.
Zu dieser Gruppe gehören sehr viele hochwertige Futtergräser des Grünlandes und des Feldfutterbaues, aber auch Unkrautgräser.
Wir beginnen mit den *Weidelgräsern* und den *Schwingelgräsern*, die Riefenblätter *mit* Blattöhrchen haben, und lassen dann die *Fuchsschwanzgräser* und die *Straußgräser* folgen, deren Riefenblätter *ohne* Blattöhrchen sind. Hinter das *Deutsche Weidelgras* schieben wir das *Kammgras* ein, es hat zwar keine Blattöhrchen, aber ein lappig vorn emporgezogenes Blatthäutchen und ist mit dem Deutschen Weidelgras leicht zu verwechseln, und bei den Schwingelgräsern bringen wir auch den *Rotschwingel*, dessen Blattgrund nicht geöhrt, aber lappig emporgezogen ist. Weder Öhrchen noch solche Blattgrundlappen gibt es bei den dann folgenden Fuchsschwanz- und Straußgrasgräsern.
Die weitere Unterteilung erfolgt nach der Knospenlage, nach der Gestalt des Blatthäutchens und anderen einfachen Merkmalen.
Ein Wort noch zu den beiden *Reitgräsern*, den Calamagrostisarten, die wir an die Straußgräser, die Agrostisarten angeschlossen haben, die wie sie einblütige Ährchen haben. Das *Schmalblättrige Reitgras*, das auf nassen Wiesen oft bestandbildend auftritt und, obwohl Süßgras, ebenso minderwertig ist wie die sonst noch dort wachsenden Sauergräser, ist leicht zu erkennen an der starken oberirdischen Verzweigung, die auf dem Grünlande sonst nur noch bei dem nicht zu verwechselnden Rohrglanzgras vorkommt. Es mußte also mit aufgeführt werden. Als zweites Reitgras nahmen wir noch das *Sandrohr* mit auf, obwohl es auf landwirtschaftlich genutzten Flächen selten auftritt. Aber es ist eines der schlimmsten Waldunkrautgräser, und sein Vorkommen und seine Bekämpfung ist auch für uns Landwirte sehr interessant. Im übrigen ist es schon wegen seiner rohrartigen Beschaffenheit leicht zu erkennen.

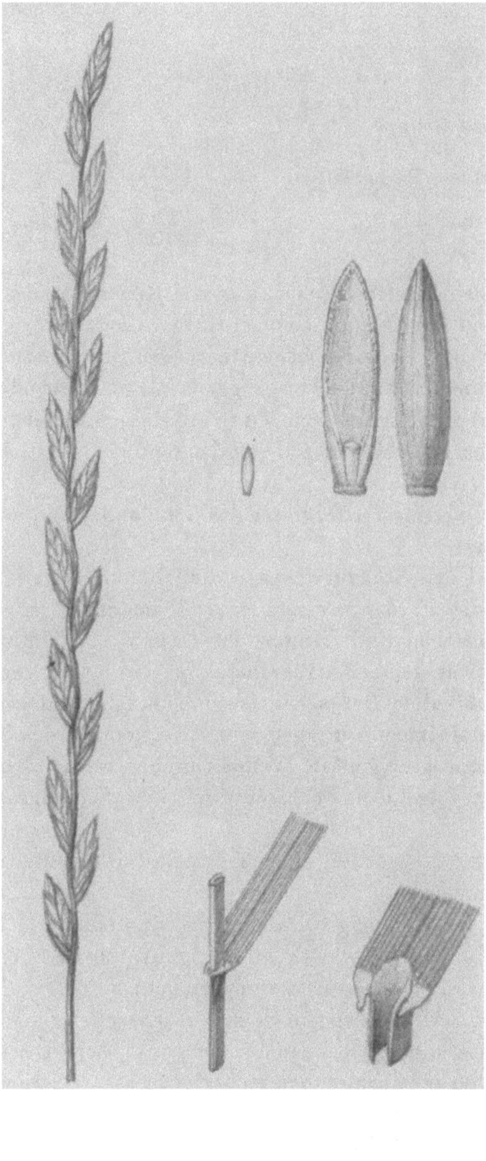

Blütenstand: eine unterbrochene echte Ähre wie bei der Quecke, die Ährchen liegen aber der Ährenachse nicht mit der Breitseite, sondern mit der Schmalseite an.

Ährchen: über 10 mm lang, viel (über 4)-blütig, nur das Endährchen mit 2 Hüllspelzen, sonst nur eine Hüllspelze, diese etwa halb so lang wie das Ährchen. Deckspelzen unbegrannt.

Same (Spelzfrucht): 5—7 mm lang, ähnlich dem des Wiesenschwingels, aber nach dem Grunde zu nicht so schlank, sondern plumper, fast rechteckig, kantig, ferner ist das Stielchen kürzer, dicker, kantiger, platter breit und liegt viel fester an. Unbegrannt.

Tgw. $\pm$ 2 g.

Blatt: Spreite mittelbreit, 4—6 mm, gerieft, unterseits stark glänzend.

Jüngstes Blatt gefaltet.

Blätter mit kurzen aber deutlichen Öhrchen.

Blattscheide offen.

Blatthäutchen deutlich, aber vorn nicht lappig emporgezogen.

Triebgrund: rot.

43. Deutsches Weidelgras, Englisches Raygras (*Lólium perénne L.*).

Ausdauernd. Lockerhorstig. Höhe über 50 cm. Blüte Anfang Juni. Reife 2—3 Wochen vor dem Roggen.

Das wichtigste Dauerweide- und Wechselweidegras in klimatisch milden und feuchten Lagen auf den schwereren Böden. Das Gras der Fettviehweiden der Marschen. Landwirtschaftliche Hauptdarstellung S. 107—111, 114, 119.

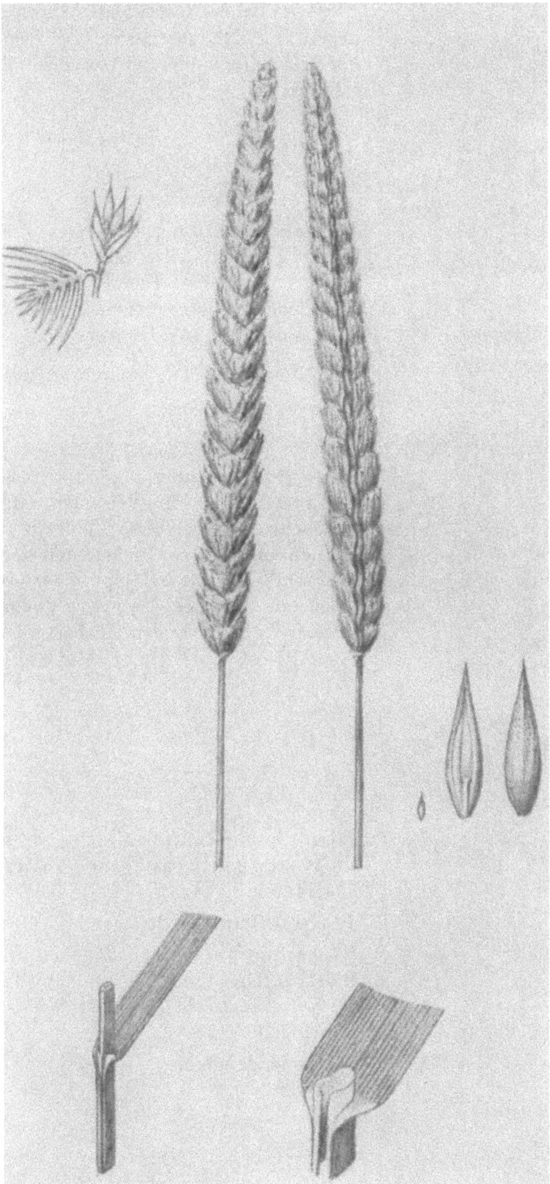

Blütenstand: eine einseitswendige Scheinähre traubiger Herkunft.

Ährchen: 3—6 mm lang, 2 bis mehrblütig. Deckspelzen mit feiner Stachelspitze. Unter jedem Ährchen ein kammartiges Deckblatt, das aus zweizeilig gestellten tauben Spelzen hervorgegangen ist.

Same (Spelzfrucht): 3—4 mm lang. Deckspelze gelb, mit weißlichen Borsten nach der Spitze zu. Alte Saat bräunlich.
Tgw. 0,45 g.

Blatt: Spreite schmal bis mittelbreit, 2—4 mm, gerieft.

Jüngstes Blatt gefaltet.

Blätter ohne Öhrchen.

Blatthäutchen aber lappig emporgezogen.

Blattscheide offen.

Triebgrund: unten nicht rötlich angelaufen, sondern mehr bräunlichgelb.

44. Kammgras (*Cynosúrus cristátus L.*).

Ausdauernd. Horstig. Höhe bis über 50 cm. Blüte Anfang Juni. Reife kurz vor dem Roggen.

Ein durch seine vom Vieh verschmähten Fruchthalme sehr auffälliges und früher sehr überschätztes Gras vieler Dauerweiden. Nicht massenwüchsig und nur in Ausnahmefällen ansaatwürdig. Besonders häufig auf mäßig gedüngten Mittelgebirgs- und Heidegrünländereien. S. 109.

Blütenstand: eine unterbrochene echte Ähre wie bei der Quecke, die Ährchen liegen aber der Ährenachse nicht mit der Breitseite, sondern mit der Schmalseite an.

Ährchen: über 10 mm lang, viel (über 4)-blütig. Deckspelze mit Spitzengranne, nur das Endährchen mit 2 Hüllspelzen, sonst nur eine, diese etwa halb so lang wie das Ährchen.

Same (Spelzfrucht): 5—7 mm lang, begrannt, sonst ähnlich dem des Deutschen Weidelgrases. Wurzelbahnen auf Fließpapier leuchten dort aber unter der Quarzlampe nicht auf (wird als sicheres Unterscheidungsmerkmal aber von den Züchtern bezweifelt).

Tgw. ±2 g.

Blatt: Spreite mittelbreit bis breit, 4—10 mm, gerieft, unterseits stark glänzend.

Jüngstes Blatt gerollt.

Blätter mit stärkeren Öhrchen und Blatthäutchen häutiger und größer als beim sonst sehr ähnlichen Wiesenschwingelblatt.

Blattscheide offen.

45. Welsches Weidelgras, Italienisches Raygras (*Lólium multiflórum Lam. – Lólium itálicum A. Br. –*).
Überjährig bis zweijährig. Horstig. Höhe bis 1 m und auch darüber. Blüte Anfang Juni. Reife 3 Wochen vor dem Roggen.

Das massenwüchsigste Gras im einjährigen Kleegrasbau. Die Kreuzung mit dem Deutschen Weidelgras, das Bastard- oder Oldenburger Weidelgras, und auch die Neuseeländische Kreuzung mehrjährig und winterfester. Die einjährige Abart (v. westerwoldicum) und das Bernburger Einjährige Weidelgras noch massenwüchsiger und daher wichtige Zweit- und Stoppelfutterpflanzen. Landwirtschaftliche Hauptdarstellung S. 115, 116, 118, 119, 131.

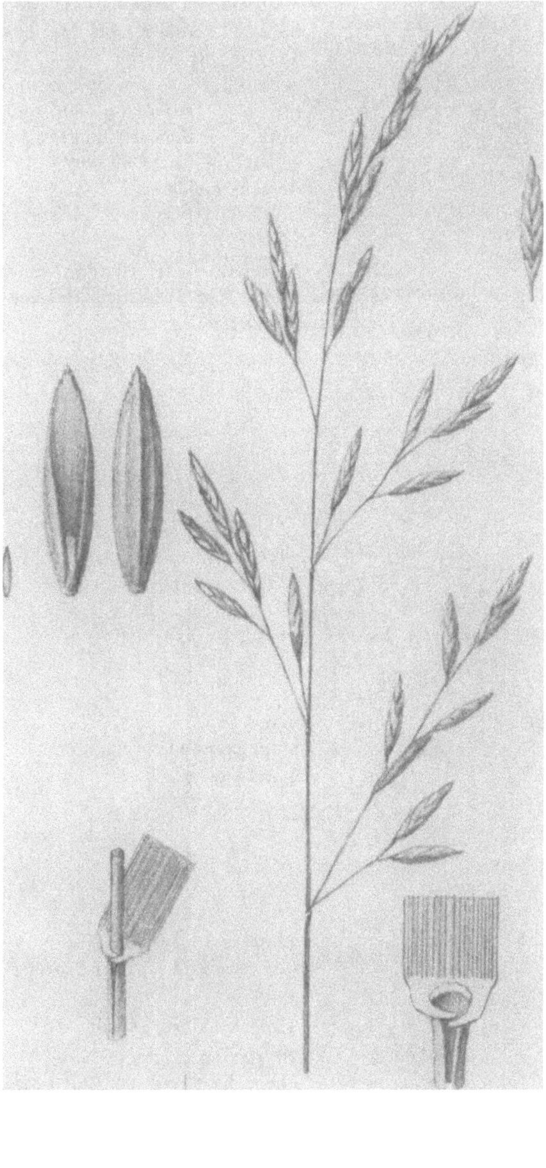

Blütenstand: eine einfache bis doppelte Traube mit mindestens 4 Einzelährchen an der Spitze und nur 2 Abästungen auf den unteren Stufen; der längere Ast mit 4—6 Ährchen, der kürzere nur mit 1—3 Ährchen.

Ährchen: über 10 mm lang, länglich, viel (über 5)-blütig, grannenlos.

Same (Spelzfrucht): 6—7 mm lang, ähnlich dem des Deutschen Weidelgrases, aber nach dem Grunde zu nicht so plump, sondern schlanker, schmaler werdend, ferner ist das Stielchen rundlich, dünner und tellerartig endend und nicht so fest anliegend.

Tgw. ± 2 g.

Blatt: Spreite mittelbreit bis breit, 3—8 mm, gerieft, unterseits glänzend.

Jüngstes Blatt gerollt.

Blätter mit deutlichen Öhrchen.

Blattscheide offen.

Blatthäutchen kurz, kürzer als der Blattgrund und kürzer als beim Welschen Weidelgras.

46. Wiesenschwingel (*Festúca praténsis Huds. – Festúca elatior L.* –).

Ausdauernd. Lockerhorstig. Höhe bis über 1 m. Blüte Anfang Juni. Reife ein bis zwei Wochen vor dem Roggen.

Ausgezeichnetes Gras der Dauerwiesen und Dauerweiden, der periodisch erneuerten Wiesen und Weiden und der Wechselwiesen und Wechselweiden in der feuchten und frischfeuchten Lage und auch des Kleegrasbaues. Weitere landwirtschaftliche Darstellung besonders S. 101,103, 104, 106, 107—111, 114, 115.

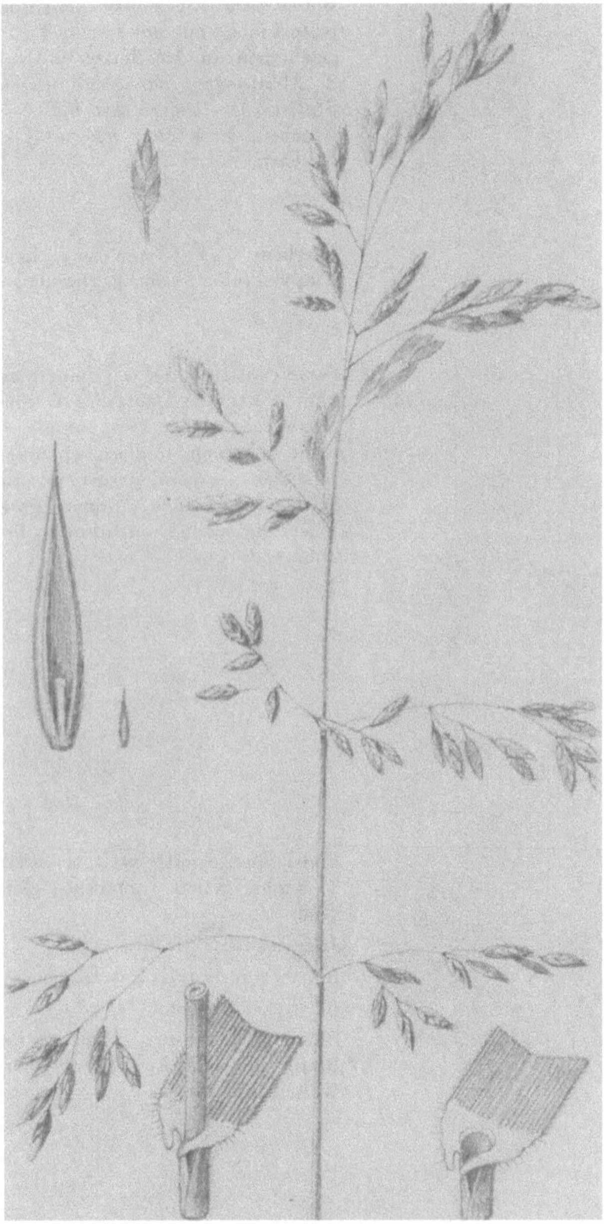

Blütenstand: eine etwas überhängende einfache bis doppelte Traube mit mindestens 4 Einzelährchen an der Spitze und nur 2 Abästungen auf den unteren Stufen, der längere Ast reichährig, der kürzere mindestens mehrährig.

Ährchen: über 10 mm lang, mehr (über 3)-blütig, die Deckspelzen grannenspitzig.

Same (Spelzfrucht): 7—8 mm lang, grannenspitzig.

Tgw. über 2 g.

Blatt: Spreite mittelbreit bis sehr breit, 4—12 mm, gerieft, steif.

Jüngstes Blatt gerollt.

Blätter mit deutlichen Öhrchen, diese und der Blattgrund borstig bewimpert oder auch sägezähnig.

Blattscheide offen.

Blatthäutchen klein, aber deutlich, derb.

47. Rohrschwingel (*Festúca arúndinácea Schreb.*).

Ausdauernd. Ausgeprägt horstig bültig. Höhe bis 1,50 m. Blüte Juni/Juli, etwas später als Wiesenschwingel. Reife kurz vor dem Roggen.

Ein lästiges Bültunkraut auf feuchten bis nassen Dauerwiesen und Dauerweiden, ähnlich wie die Rasenschmiele. Verdient allerdings züchterische Bearbeitung. In England sind Kultursorten herausgezüchtet, die Winterweide für die Schafe liefern. S. 101.

Blütenstand: eine einfache bis doppelte Traube mit ein oder zwei Abästungen auf den unteren Stufen, der längere Ast der untersten Stufe mindestens halb so lang wie der Blütenstand.

Ährchen: um 10 mm lang, mehr (über 3)-blütig. Deckspelze mit ausgesprochener Spitzengranne.

Same (Spelzfrucht): ± 5 mm lang. Rötlich braun. Mit Spitzengranne. Von gewissen Schafschwingelarten nur mikroskopisch zu unterscheiden.

Tgw. ± 1 g.

Blatt: schmal bis mittelbreit, 1–4 mm, auch wenn sehr schmal oder borstlich, doch entfaltbar, gerieft.

Jüngstes Blatt gefaltet.

Blätter ohne eigentliche Öhrchen, aber die häutigen Blattscheidenwände sind beiderseits öhrchenartig emporgezogen.

Blattscheide geschlossen, nur im oberen Drittel offen.

Blatthäutchen sehr kurz.

Halmblätter: immer flach ausgebreitet.

48. Rotschwingel (*Festuca rubra L.*).

Sehr formenreich. Höhe bis 1 m. Blüte Anfang Juni. Reife zwei bis drei Wochen vor dem Roggen. In der schmal- fast borstblättrigen und fast horstigen Form Horstrotschwingel (v. fallax Hack.) S. 110, bestandbildend auf mäßigem Mittelgebirgsgrünland, in der breiterblättrigen ausläufertreibenden Form (v. genuina Hack.) ein ansaatwürdiges Dauerwiesen- und Dauerweidegras. S. 112. Außerdem eine Salzform, eine Sandstrandform und noch andere.

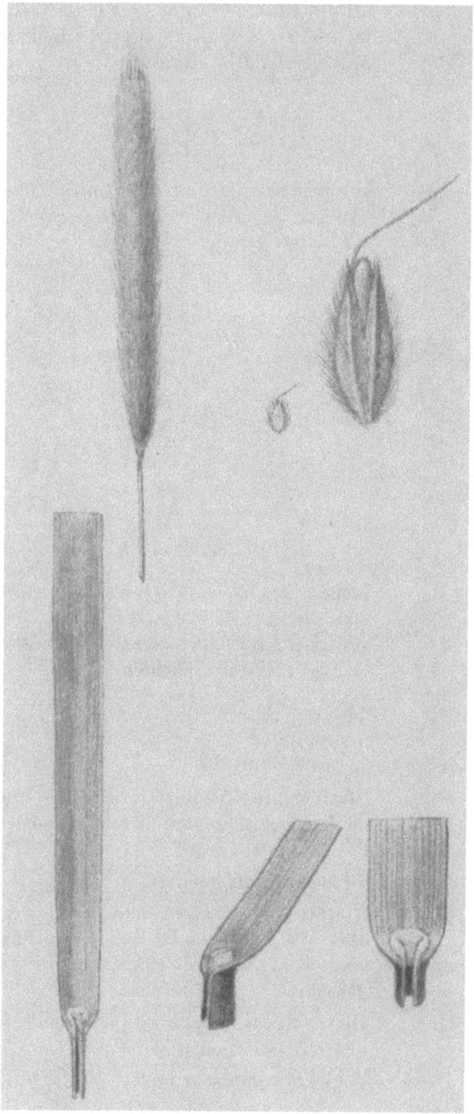

Blütenstand: eine bis über 10 cm lange, bis 1 cm breite, walzliche Scheinähre rispiger Herkunft, die sich nach oben und unten etwas verjüngt.

Ährchen: 4—6 mm lang, einblütig, mit lang herausragender Deckspelzengrundgranne. Hüllspelzen so lang wie die Deckspelze, am Rand und auf den Rippen behaart. Vorspelze fehlt.

Same (Ährchenfrucht): 5—6 mm lang. Hüllspelzen bis über die Mitte verwachsen. Flach, weich behaart, besonders an den Rippen, diese bei der Reife sich rötlich verfärbend.

Tgw. 0,8 g.

Blatt: Spreiten mittelbreit bis breit, 4–10 mm, gerieft, in der Mitte meist ein breiterer ungeriefter Streifen, eine breite Riefe.

Jüngstes Blatt gerollt.

Blätter ohne Öhrchen.

Blattscheide offen.

Blatthäutchen kurz aber deutlich, derb, grünlich, gerade abgeschnitten.

49. Wiesenfuchsschwanz (*Alopecúrus praténsis L.*).

Ausdauernd. Ausgebreiteter Horst mit einigen kurzen Ausläufern. Höhe bis über 1 m. Blüte Ende Mai. Reife sehr früh, 4 bis 5 Wochen vor dem Roggen.

Ausgezeichnetes Obergras gutfeuchter, nährstoffreicher Dauerwiesen. Ungeeignet für den Feldfutterbau und auch für Wechselgrünland und periodisch erneuertes Grünland. Nähere landwirtschaftliche Darstellung S. 101, 103.

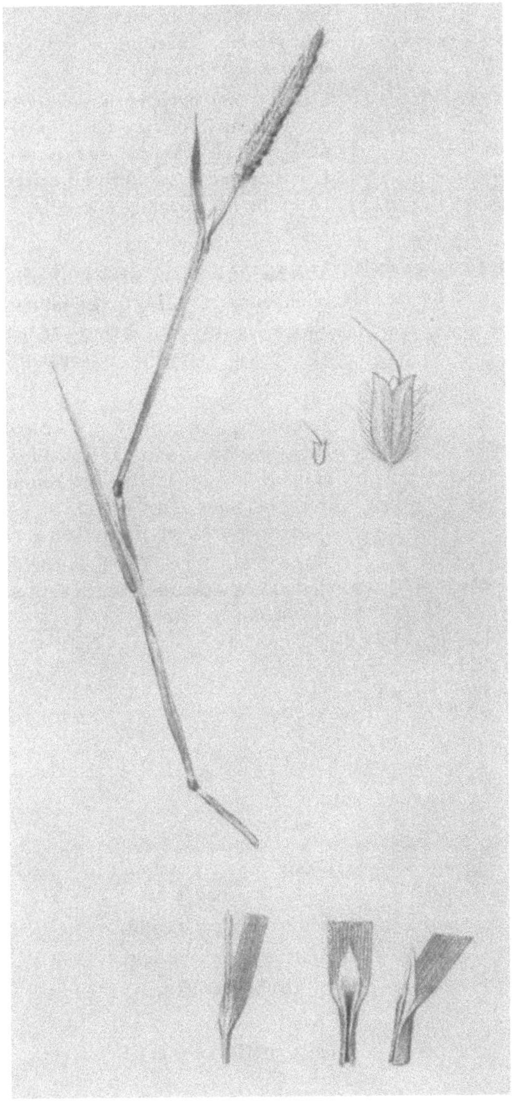

Blütenstand: eine kurze, zierliche Scheinähre rispiger Herkunft.

Ährchen: ± 3 mm lang, einblütig. Hüllspelzen nur am Grunde verwachsen. Deckspelzenrückengranne bei A. geniculatus lang aus dem Ährchen hervorragend, bei A. aequalis nur etwas oder kaum. Vorspelze fehlt. Staubblätter gelb und braun bei A. g.; ziegelrot, später bleich bei A. ae.

Same (Ährchenfrucht): ± 3 mm lang. Hüllspelzen nur am Grunde verwachsen, behaart.

Blatt: Spreite schmal bis mittelbreit, 2–6 mm, hoch und scharf gerieft.

Jüngstes Blatt gerollt.

Blätter ohne Öhrchen.

Blattscheide offen.

Blatthäutchen groß, weiß, zart, spitzdreieckig zulaufend.

Halme: am Grunde niederliegend und an den Knoten bewurzelt, dann knickig aufsteigend, aus den bewurzelten Knoten manchmal Blattbüschel.

50. Geknieter oder Knickfuchsschwanz (*Alopecúrus geniculátus L.*).

Überjährig bis mehrjährig. Höhe bis 50 cm. Blüht von Anfang Juni an, aber auch wieder im August, im 2. Schnitt.

Häufig nicht nur auf Überschwemmungsgrünland, sondern auch dort, wo Wasser zeitweilig in Pfützen steht. Dort nicht gerade wertlos. Über Knickfuchsschwanzrasen S. 100.

51. Gelb- oder besser Rotfuchsschwanz (*Alopecúrus aequális Sobol. – Alopecurus fúlvus Sm. –*).

Überjährig bis mehrjährig. Höhe bis 50 cm. Blüte von Anfang Juni.

Sehr viel seltener an ähnlichen Standorten.

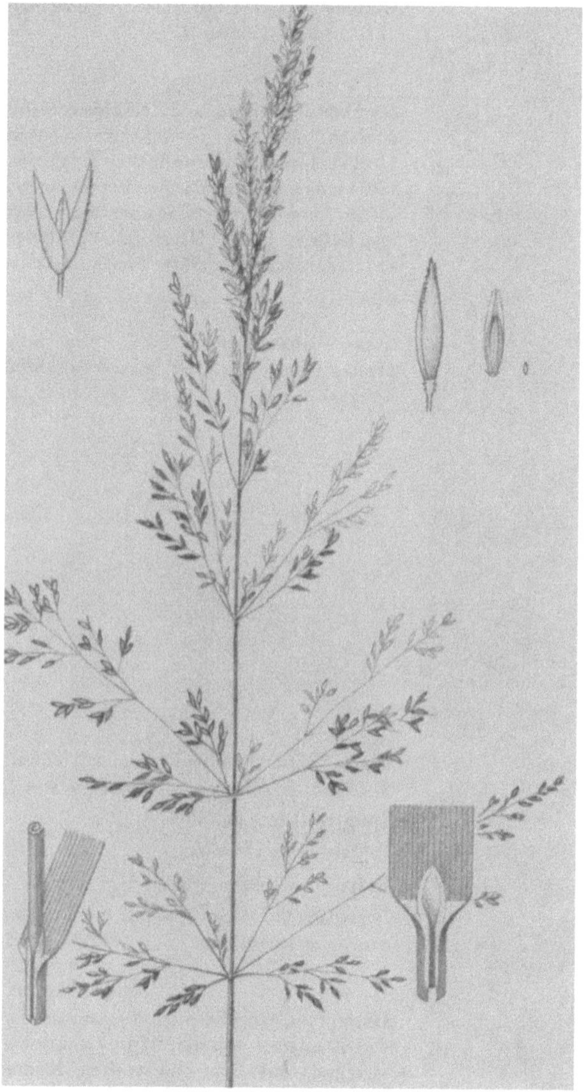

Blütenstand: eine nur zur Blütezeit ausgebreitete echte Rispe mit sehr vielen Abästungen auf den untersten Stufen, oft:

1 langer Ast nach vorn, 2 kürzere nach vorn, 2 kürzere nach hinten und 2 noch kürzere dazwischen. Die Rispenäste zweiter und dritter Ordnung spitzwinklig angesetzt.

Ährchen: 2—3 mm lang, sehr zahlreich, einblütig. Hüllspelzen länger als die Deckspelze. Deckspelze länger als die Vorspelze, unbegrannt.

Same (Spelzfrucht): 1,5—2 mm lang. Spelzen sehr zart, silberglänzend, lassen die braune Frucht durchscheinen. Deckspelze an der Basis fein behaart. Tgw. 0,08 g.

Manchmal auch Ährchenfrüchte (links), zu erkennen an dem Rest des Ährchenstieles.

Blatt: Spreite schmal bis breit, 2—8 mm, gerieft.

Jüngstes Blatt gerollt.

Blätter ohne Öhrchen.

Blattscheide offen.

Blatthäutchen weißlich, lang, spitzrundlich aus breit dreieckigem Grunde.

52. Weißstraußgras (*Agróstis álba aut. (non L.) p. p.*).

Sehr formenreich. Ausdauernd. Mit unterirdischen Ausläufern (Echtes Weißstraußgras), oder mit oberirdischen Ausläufern (Flechtstraußgras). Höhe bis 1 m. Blüte Ende Juni, Anfang Juli. Reife mit dem Hafer.

Als **Echtes Weißstraußgras** (*Agróstis gigantéa Roth*) ein sehr geschätztes, narbenfestigendes, obergrasähnliches Untergras auf feuchten und mi-nassen Dauerwiesen und Dauerweiden. In der *Salzabart* (*v. maritima Meyer*) eines der häufigsten und besten Salzgräser. Als **Flechtstraußgras** (*Agróstis stolonífera L.*) ein Unkraut auf zu nassen Äckern und auch auf dem Grünland. Landwirtschaftliche Hauptdarstellung S. 101, 103, 105, 106, 108, 120—125.

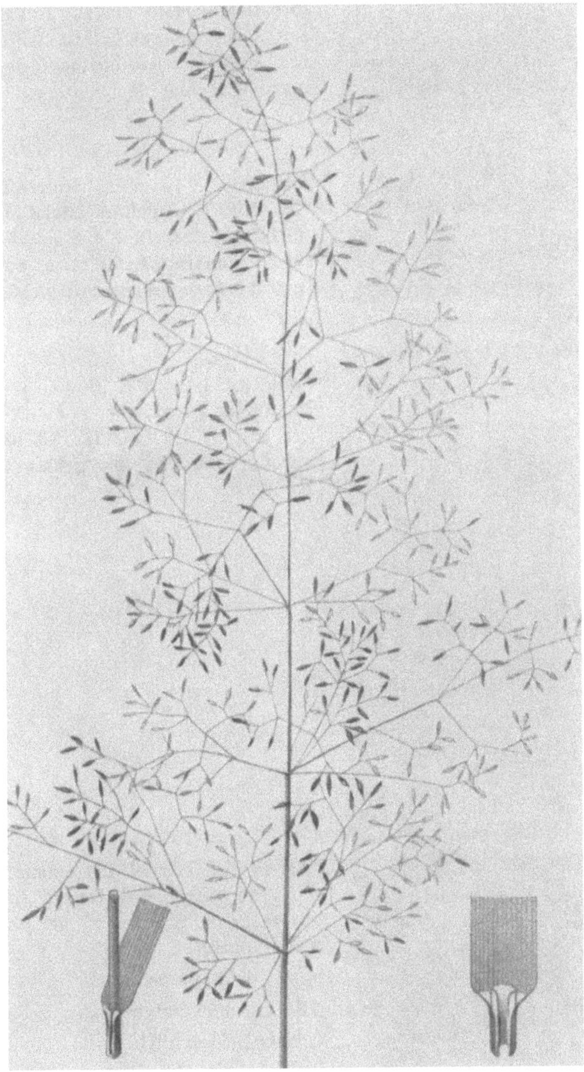

Blütenstand: eine nicht nur zur Zeit der Blüte, sondern auch vorher und nachher ausgebreitete echte Rispe von walzlicher Gestalt und bräunlich violettem Schimmer mit vielen Abästungen auf den unteren Stufen. Rispenäste erster Ordnung tangential abgehend, die zweiter und dritter Ordnung gabelig, stumpfwinkelig.

Ährchen: 2—3 mm, zahlreich, einblütig. Hüllspelzen länger als die Deckspelze, unbegrannt, alles ähnlich wie bei A. alba.

Same (Spelzfrucht): ähnlich wie bei A. alba, nur etwas kleiner.

Blatt: Spreite schmal bis mittelbreit, 2—5 mm, gerieft, ausgebreitet.

Jüngstes Blatt gerollt.

Blätter ohne Öhrchen.

Blattscheide offen.

Blatthäutchen gerade abgeschnitten, kurz, gestutzt.

53. Rotstraußgras (*Agróstis ténuis Sibth. – Agróstis vulgáris With.* –).

Sehr formenreich. Ausdauernd. Mit kurzen und manchmal auch etwas längeren unterirdischen Ausläufern. Höhe bis über 50 cm. Blüte Anfang Juli.

Als Sandquecke queckenartiges Unkraut auf leichteren Äckern. Als Rotstraußgras nicht gerade schlechtes Futtergras auf trockenen Hutungen. Etwas wertvoller im Mittelgebirge in den mäßig gedüngten frischen Rotstraußgras-Rotschwingelwiesen und -weiden S. 102, 120—125.

Blütenstand: eine nur zur Blütezeit ausgebreitete, echte Rispe mit vielen Abästungen auf den unteren Stufen.

Ährchen: 2—3 mm, zahlreich, einblütig. Hüllspelzen länger als die Deckspelze, diese mit geknieter Rückengranne, die etwas aus dem Ährchen herausragt.

Same (Spelzfrucht): ähnlich wie bei Agróstis alba, aber noch kleiner als bei A. tenuis, 1,3 bis 1,6 mm lang und mit geknieter Rückengranne.

Blatt: sehr schmal bis schmal, 1—3 mm, oft borstenförmig zusammengefaltet, dünn, gerieft, hellgraugrün.

Jüngstes Blatt gefaltet.

Blätter ohne Öhrchen.

Blattscheiden offen.

Blatthäutchen zarthäutig, lang, spitz auslaufend.

54. Hundsstraußgras (*Agróstis canína L.*).

Ausdauernd. Horstig mit oberirdischen Ausläufern. Höhe bis über 50 cm. Blüte Juni/Juli.

Man könnte das Gras fast für ein Horstgras mit Borstblättern halten. Aber es bildet nicht nur kleine büschelige Horste, aus denen Blütentriebe emporsteigen, sondern auch Triebe, die sich an den Boden legen und an den Knoten Blattbüschel treiben. Auch sind die Blätter nicht wirklich borstlich, sie lassen sich, auch wenn sie zusammengefaltet sind, leicht entfalten.

Auf magerem, feuchtem bis nassem heidigarmen Grünland häufig und manchmal sogar Bestände bildend. Landwirtschaftlich wertlos, die Abart v. arida als Rasengras in Holland züchterisch bearbeitet. Nähere landwirtschaftliche Darstellung S. 98.

Blütenstand: eine schlaffe, etwas überhängende, nicht geknäuelte, echte Rispe; mit mehreren mindestens drei Abästungen auf den untersten Stufen.

Ährchen: 5 mm, etwa doppelt so groß wie bei den Straußgräsern, einblütig, sehr zahlreich. Hüllspelzen nicht pfriemlich, sondern flächig, länger als die Deckspelze. Deckspelze mit Granne an der Spitze oder besser in einer Ausrandung der Deckspelze, die Hüllspelzen nicht überragend. Die Haare um Deck- und Vorspelze länger als die Deckspelze, aber kürzer als die Hüllspelzen.

Blatt: Spreiten schmal bis mittelbreit, etwa 3—6 mm, gerieft, rauhrandig, mit rundrinnigem Abgang, am Grunde verschmälert.

Jüngstes Blatt gerollt.

Blätter ohne Öhrchen.

Blatthäutchen deutlich.

Halm: gewöhnlich oberirdisch verzweigt. Allein daran, sogar von weitem, zu erkennen.

55. Schmalblättriges Reitgras (*Cálamagróstis canéscens (Web.) Roth – Cálamagróstis lánceoláta Roth –*).
Ausdauernd. Mit unterirdischen Ausläufern. Höhe bis über 1 m. Blüte Juli/August.

Auf nassen Wiesen stellenweise ebenso häufig und bestandsbildend wie die Sauergräser und obwohl Süßgras ebenso minderwertig wie jene. Weitere landwirtschaftliche Darstellung S. 98.

Blütenstand: eine nur in der Blütezeit ausgebreitete, steif aufrechte echte Rispe mit mehreren, mindestens drei Abästungen auf den unteren Stufen und geknäuelt angesetzten Ährchen.

Ährchen: etwa 5 mm lang und etwas darüber, sehr zahlreich, einblütig, Hüllspelzen pfriemlich, etwa doppelt so lang wie die Deckspelze, diese mit kurzer rückenständiger Granne, die nicht aus dem Ährchen herausragt. Haarkranz am Grunde der Blüte etwa so lang wie die Hüllspelzen.

Same (Spelzfrucht): 2—3 mm lang, mit Rückengranne und langen Haarbüscheln am Stiel.

Blatt: Spreite breit, 4—10 mm etwa, schilfig hart, mit deutlichen Riefen, am Rande rauh.

Jüngstes Blatt gerollt.

Blätter ohne Öhrchen.

Blattscheide offen.

Blatthäutchen lang, derb, später aufgerissen.

56. Sandrohr (*Calamagróstis epigeíos (L.) Roth.*).

Ausdauernd. Mit bis zu 20 cm tiefstreichenden, weithin kriechenden unterirdischen Ausläufern und einem Wurzelfilz bis zu 60 cm Tiefe. Höhe bis weit über 1 m. Blüte Juli/August. Schlimmes Waldunkraut, das den Jungwuchs unterdrückt, auf leichteren Böden an etwas lichten Stellen. Bei starkem Auftreten erfordert Neubegründung des Waldes besondere Maßnahmen, z. B. tiefen Vollumbruch. Gern gesehener Dünenbefestiger. Gelegentlich auch auf nassem, minderwertigen Grünland.

Achte Gruppe:

Gräser mit kahlen ungerieften Blättern

(Instruktionstafel S. 7)

Im Grunde gehört nur das *Rohrglanzgras* in diese Gruppe. Wir hätten es deshalb auch in der ersten Gruppe der Leichtkenntlichen abtun können. Aber einmal wollen wir auf dieses Gras, das in so mancherlei Hinsicht hochinteressant ist, durch diese Herausstellung besonders hinweisen, zum anderen wollen wir auch das hochbedeutsame *Wiesenlieschgras*, den Timothee in dieser Gruppe mitabhandeln. Zwar sind die Blattspreiten des Timothees nicht so riefenlos wie die vom Rohrglanzgras, auch nicht so riefenlos wie die des Knaulgrases, das bei den Leichtkenntlichen untergebracht ist und auch nicht so riefenlos wie die der Rispengräser, wenn man bei diesen von der Doppelrille absieht. Aber die Riefen sind beim Timothee sehr flach, so daß unser Vorgehen wohl doch berechtigt sein mag. Im übrigen ist es durch sein gezähneltes Blatthäutchen mit den Eckzähnen so leicht kenntlich, daß Verwechselungen nicht vorkommen können.

Blütenstand: eine nur in der Blütezeit ausgebreitete echte Rispe mit 2 Abästungen auf den unteren Stufen und spindelnahem Ährchenansatz.

Ährchen: etwa 5 mm lang, zahlreich, einblütig, mit 4 Hüllspelzen, die beiden äußeren länger als die Deckspelze, die beiden inneren nur Schuppen mit kurz behaarten Rippen, unbegrannt.

Same (Teilährchenfrucht): 3,5—4 mm lang, glänzend, hell, reif dunkelgrau. Deckspelze weißlich behaart, am Grunde der Spelzfrucht 2 behaarte Borsten: die beiden inneren verkümmerten Hüllspelzen, deshalb Teilährchenfrucht.

Tgw. 0,75 g.

Blatt: Spreite schilfartig breit bis sehr breit, 8—20 mm, ohne Riefen.

Jüngstes Blatt gerollt.

Blätter ohne Öhrchen.

Blattscheide offen.

Blatthäutchen groß, weiß, kragenförmig mit dreieckiger aber stumpfer Spitze.

57. Rohrglanzgras (*Phálaris arundinácea L.*).

Ausdauernd. Mit dicken unterirdischen Ausläufern und kräftiger Bewurzelung bis in das zügige Grundwasser hinein. Höhe bis über 2 m. Blüte Mitte Juni, Reife 1—2 Wochen vor dem Roggen.

Bildet auf nassen wasserzügigen Überschwemmungsflächen mit Schlickablagerung sogenannte Militzwiesen. Die Rohrglanzgraswiesen, im Spreewald Wasserschlagwiesen genannt, sind die ertragreichste Wiesenform Deutschlands. Das massenwüchsige hochwertige Gras ist wegen seiner kräftigen Bewurzelung auch unter weniger nassen Verhältnissen ansaatwürdig. Nähere landwirtschaftliche Darstellung S. 100, 103, 105.

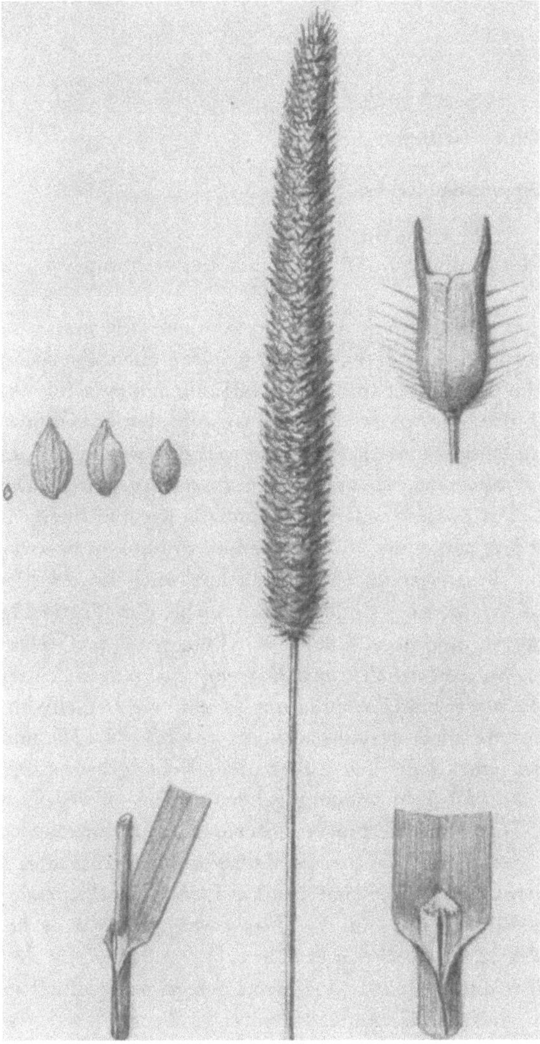

Blütenstand: eine bis über 10 cm lange bis 1 cm breite, zylindrische Scheinähre rispiger Herkunft. Beim Biegen zeigen sich ebenso wie beim Zwiebeltimothee keine Äste, was bei den sonstigen Phleumarten der Fall ist.

Ährchen: klein, $\pm$ 3 mm lang, einblütig, grannenlos. Aber die beiden an den Kielen steifhaarig bewimperten Hüllspelzen in je eine Stachelspitze auslaufend und, da mit den Rändern aufeinanderliegend, sozusagen einen Stiefelknecht bildend.

Same (Spelzfrucht): klein, $\pm$ 2 mm lang, eiförmig, silbergrau. Deckspelzen behaart, auch zwischen den Rippen (beim Zwiebeltimothee Haare nur auf den Rippen).
Tgw. 0,45–0,6 g.
Rechts daneben: nackte Frucht, $\pm$1,6 mm lang, gelbbraun, fällt beim Dreschen leicht an. Unerwünscht, weil meist beschädigt und von Pilzen leicht angreifbar.

Blatt: Spreite mittelbreit bis breit, 3–9 mm, ohne deutliche Riefen, faßt sich weich an.
Jüngstes Blatt gerollt.
Blätter ohne Öhrchen.
Blattscheide offen.
Blatthäutchen groß, weiß, beiderseits mit je einem Eckzahn, überhaupt etwas gezähnelt.

Triebe: am Grunde oft flaschenförmig verdickt. (beim Zwiebeltimothee mehrere knollige Verdickungen perlschnurartig übereinander).

58. Wiesenlieschgras, Timothee (*Phléum praténse L.*).

Ausdauernd. Horstig. Höhe bis über 1 m. Blüte Ende Juni. Reife mit dem Getreide (Hafer).

Das winterhärteste unserer hochwertigen Futtergräser, darin nur von der Wehrlosen Trespe übertroffen. Von größter Bedeutung bei allen Formen des Kleegrasbaues, des Wechselgrünlandes und des periodisch erneuerten Grünlandes auf frischeren Böden. Auf dem Dauergrünland nur Füller bei der Ansaat. Etwas in Mißkredit gebracht durch Beimengungen des niedrigwüchsigen Unkraut- oder *Zwiebeltimothees*, der neuerdings wegen seiner niedrigen Chromosomenzahl (14 gegenüber 42) als eigene Art (Phleum nodosum) geführt wird und in England als Rasengras in verschiedenen Zuchtformen vorliegt. Weitere landwirtschaftliche Ausführungen S. 103, 104, 110, 114, 115.

Neunte Gruppe:

Einige sonstige Gräser

Hier lassen wir einige Gräser folgen, die es nicht lohnt, durch ein Bestimmungssystem hindurchzuschleppen.

Das sind einmal die Unkrautgräser, die nur auf dem Acker vorkommen, die man also nur auf dem Ackerlande oder am Ackerrande finden wird. Zwar gehören auch die vielen *Unkrauthirsegräser* dazu, aber durch das Hirseblatt sind sie so auffällig gekennzeichnet, daß wir sie zusammen mit einigen Kulturgräsern zur dritten Gruppe der Hirseblättrigen vereinigten und dort in Wort und Bild brachten. Das *Ackerruchgras* wurde auf der Bildtafel 6, 7 zusammen mit dem *Wiesenruchgras* vergleichend wiedergegeben. Die restlichen Unkrautgräser, die nur auf dem Acker vorkommen und die wir hier bringen, sind ebenso wie die soeben genannten ausschließlich Samenunkräuter, und zwar gegendweise sehr schlimme. So ist der *Flughafer* im Oderbruch und auch in der Altmärker Wische geradezu eine Pest, auf den leichten Böden kommt es bei der Winterung oft zu *Windhalmjahren* und auf schweren Böden in feuchtem Klima wird der *Ackerfuchsschwanz* leicht zur Plage. *Leinlolch*, *Taumellolch* und *Roggentrespe* traten früher verheerend auf, sind aber mit der besseren Saatgutreinigung so gut wie verschwunden. Wir erwähnen Leinlolch und Taumellolch deshalb nur am Schluß (S. 131) und weisen dabei auf die Unterscheidungsmerkmale gegenüber den Weidelgräsern hin. Die Roggentrespe wurde S. 60 in Wort und Bild wiedergegeben, weil sie neuerdings als Futterpflanze angegeboten wird. Die Ausläufergräser unter den Ackerunkräutern kommen auch auf dem Grünlande vor. Die *Echte Quecke* wurde auf der Bildtafel 1 gebracht, die *Sandquecke* (Rotes Straußgras) auf der Bildtafel 53, die *Hochmoorquecke* (Weiches Honiggras) auf der Bildtafel 8 und das *Flechtstraußgras* wurde bei dem Weißstraußgras auf der Bildtafel 52 vergleichend erwähnt.

Anschließend an Flughafer, Windhalm und Ackerfuchsschwanz folgen einige Kulturgräser, die man nur selten trifft. Die *Beckmannie* findet sich nur in Zuchtgärten, das *Kanariengras* ist hier und dort Stützpflanze im Sommerfutterbau.

Verwirren wird es schließlich nicht, wenn dann noch zwei Gerstgräser folgen: die *Mäusegerste*, die zwar ohne jede landwirtschaftliche Bedeutung ist, aber in jedem Dorfe, an allen Rainen steht, und die *Roggengerste*, die zwar nicht unwichtig aber selten ist. Auch die beiden Dünengräser *BlauerHelm* und *Strandhafer* werden zum Abschluß nicht verwirren und noch weniger das zierliche *Zittergras*.

Blütenstand: eine luftige echte Rispe mit vielen Abästungen auf den unteren Stufen, die Rispenäste zweiter und dritter Ordnung sind vor und nach der Blüte zusammengezogen.

Ährchen: sehr klein, nur 2–2,5 mm lang, sehr zahlreich, einblütig. Die eine Hüllspelze länger als die Deckspelze, diese mit etwas unter der Spitze angesetzter sehr langer Granner

Blatt: Spreite schmal bis mittelbreit, etwa 3–8 mm, gerieft, unbehaart.

Jüngstes Blatt gerollt.

Blätter ohne Öhrchen.

Blattscheide offen.
Blatthäutchen lang, tiefgefranst.

59. Windhalm (*Apéra spica-vénti (L.) Pal. Beauv. – Agróstis spica-vénti L. –*).

Überjährig und auch einjährig. Horstig ohne Bodenblätter. Höhe bis weit über 1 m. Blüte Juni, Juli.

Weitverbreitetes und gefährliches Ackerunkraut auf leichteren Böden insbesondere in der Winterung. Auch an Wegrändern und öden Stellen dortselbst häufig. Über Vorkommen und Bekämpfung S. 127–128.

Blütenstand: Eine allseitswendige einfache bis doppelte Traube mit vielen quirligen Abästungen auf den unteren Stufen, die fast waagerecht abstehen und sehr große spindelfern angesetzte Ährchen tragen.

Ährchen: sehr groß, 18—25 mm lang und noch länger, 2- oder 3blütig. Hüllspelzen länger als die Deckspelzen, diese an der Spitze etwas gespalten (bei dem manchmal noch angebauten Sandhafer (Avena strigosa Schreb.) dagegen sehr tief gespalten) und mit einer sehr langen Rückengranne.

Same (Spelzfrucht): 15—20 mm lang, mit stark geknieter und gedrehter Rückengranne. Hufeisenförmige Ansatzstelle der Spelzfrucht mit Stielchen, das auch hufeisenförmig endet aber wegen der starken Behaarung oft schwer zu erkennen ist.

Blatt: Spreite mittelbreit bis sehr breit, etwa 4—15 mm, am Rande in den unteren Partien meist bewimpert, sonst unbehaart.

Jüngstes Blatt gerollt.

Blätter ohne Öhrchen.

Blattscheide offen.

Blatthäutchen groß, weiß, dreieckig, stumpf.

60. Wildhafer, Flughafer (*Avéna fátua L.*).

Einjährig. Höhe bis über 1 m. Blüte Juni/Juli, Reife Ende Juli/Anfang August.

Im Oderbruch, in der Altmärkischen Wische und auf Fehmarn eine Pest des Ackerlandes. Über Vorkommen und Bekämpfung S. 125—127.

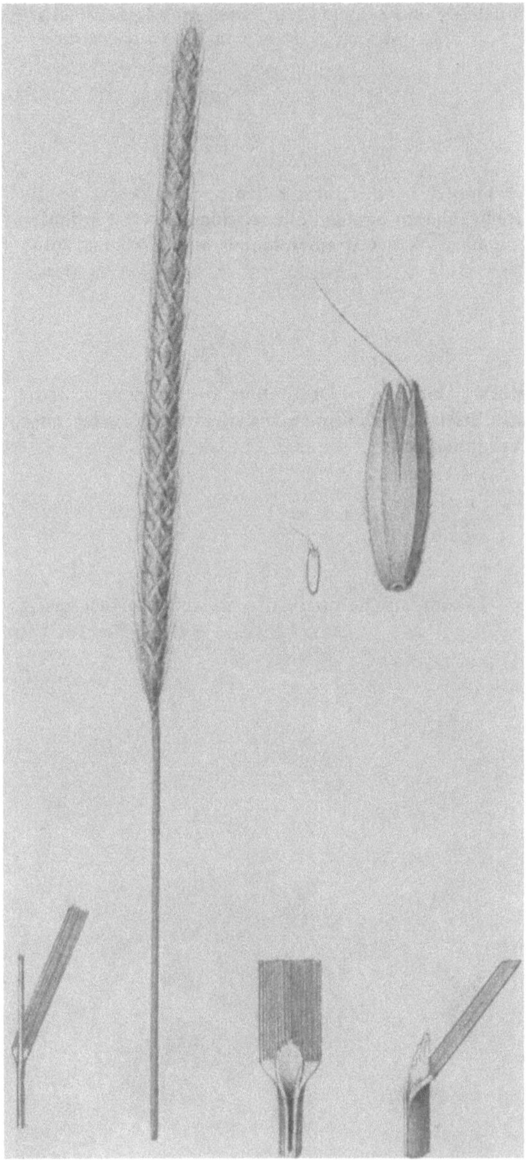

Blütenstand: eine mehr oder weniger lange dünne, schlanke, dicht besetzte Scheinähre traubiger Herkunft. Die Ährchen liegen zu zweien sich überdeckend der Ährenachse an.

Ährchen: klein, einblütig, Hüllspelzen nur bis zur Mitte verwachsen, kaum behaart. Vorspelze fehlt. Die Deckspelzengranne geht fast am Grunde ab und ragt weit aus dem Ährchen hervor.

Same (Ährchenfrucht): 5—6 mm lang, Hüllspelzen bis zur Mitte verwachsen, hart und derb, schwach bewimpert und fast unbehaart. Deckspelzengrundgranne ragt hervor. Im Gegensatz zu den anderen Fuchsschwanzarten ist der Same grob und daher aus gröberen Grassaaten wie Weidelgras, Schwingel, Trespen und Glatthafer nicht herauszureinigen.

Blatt: Spreiten mittelbreit, 2—8 mm, gerieft, kahl.

Jüngstes Blatt gerollt.

Blätter ohne Öhrchen.

Blattscheide offen.

Blatthäutchen ziemlich lang, gezähnelt.

61. Ackerfuchsschwanz (*Alopecúrus mýosuroídes Huds. – A. agréstis Huds. –*).

Überjährig und auch einjährig. Höhe über 50 cm. Blüte Juni/August.

Schlimmes Ackerunkraut auf schweren Böden, in feuchtem Klima. Aberkennungsunkraut im Grassamenbau. Über Vorkommen und Bekämpfung S. 129—130.

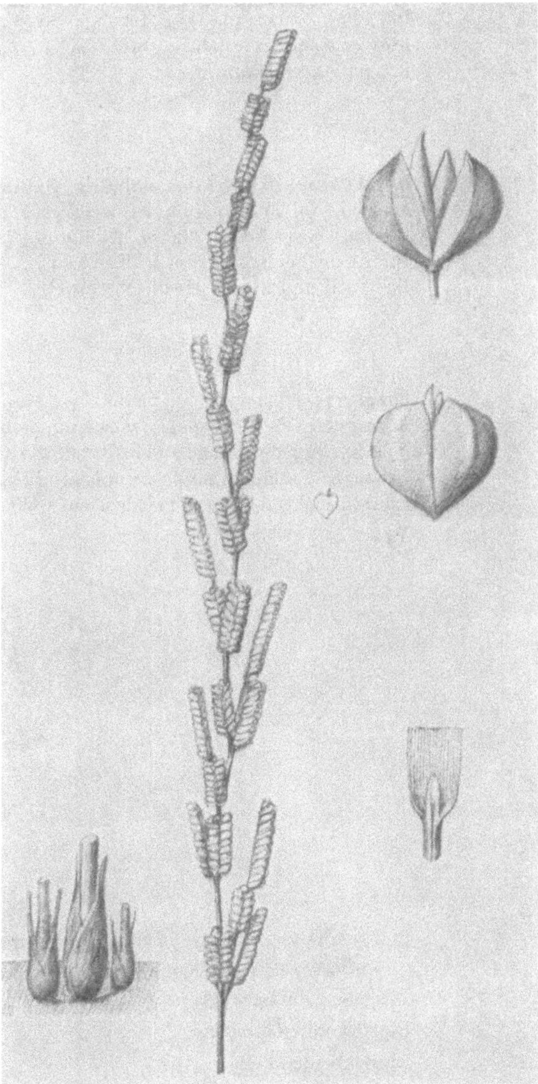

Blütenstand: Zweiseitig dicht mit Ährchen raupig besetzte kleine Ähren sind an einer langen Blütenstandsachse traubig angeordnet, mit mehreren Abästungen auf den unteren Stufen, also eine Art Trauben- oder Fiederähre.

Ährchen: etwa 3 mm lang, zweiblütig, die beiden kahnförmigen Hüllspelzen sind zur Blütezeit aufgeblasen, die zwei Blüten ragen etwas heraus.

Same (Ährchenfrucht): 3 mm lang, herzförmig, die beiden Spelzfrüchte ragen aus den Hüllspelzen etwas heraus.

Tgw. 0,75 g.

Blatt: Spreite mittelbreit, gerieft, oberseits von Kieselzähnen rauh, spitz auslaufend, auch nach der Basis zu verschmälert.

Jüngstes Blatt gerollt.

Blätter ohne Öhrchen.

Blattscheide offen.

Blatthäutchen lang, weißlich.

Triebgrund knollig verdickt.

62. Raupenförmige Beckmannie (*Beckmánnia erucifórmis Host.*).

Ausdauernd. Horstig mit kurzen Ausläufern. Bis über 1 m hoch.

Als Mähegras für Überschwemmungswiesen und feuchtnasse Wiesen vorgeschlagen. Die Bernburger Sorten sind kumarinfrei. Weiter verfolgt wird nur noch die hier gezeichnete Beckmannia II. Ob die Beckmannie Aussichten hat, ist sehr fraglich. Im Gemenge mit anderen Gräsern wird sie unterdrückt, hat auch vor Rohrglanzgras und Weißstraußgras keine Vorzüge.

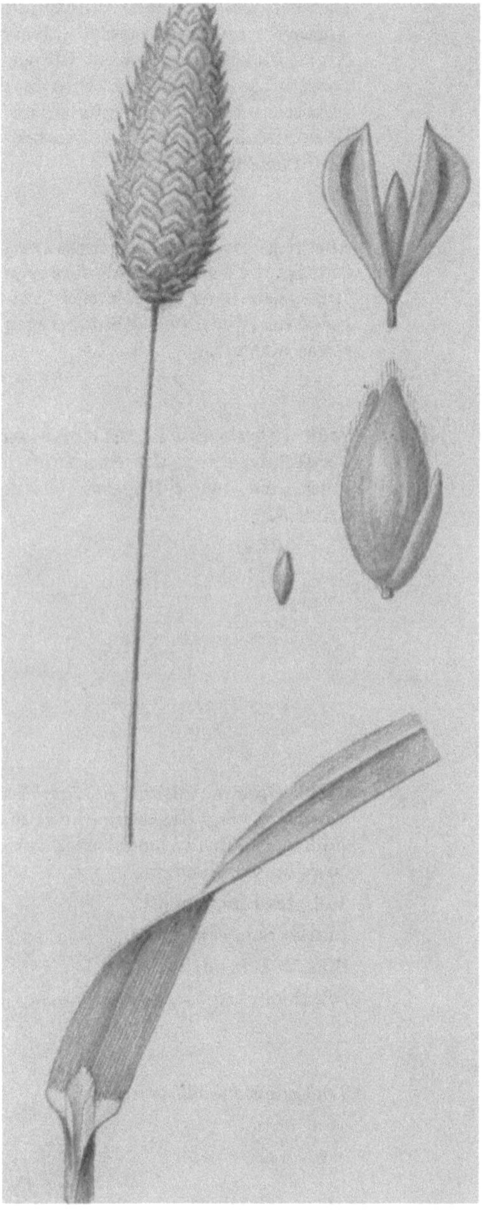

Blütenstand: eine kurze, bis 6 cm lange aber bis über 2 cm dicke kegelförmige Scheinähre rispiger Herkunft, mit dachziegelartiger Ährchenanordnung.

Ährchen: 6—10 mm lang, einblütig. 4 Hüllspelzen, die beiden äußeren weißlich mit grünen Nerven und länger als die Deckspelze, die beiden inneren Hüllspelzen grünlich weiß und kürzer als die Deckspelze.

Same (Spelzfrucht): 5—6 mm lang, unbegrannt. Die Deckspelze glänzend gelb, lederig, nach der Spitze zu am Rande etwas behaart. Manchmal sind die inneren Hüllspelzen noch am Samen (Teilährchenfrucht). Tgw. 6 g.

Blatt: Spreite breit, 4—12 mm, beiderseits rückwärts rauh und mit hartem Kieselrand.

Jüngstes Blatt gerollt.

Blätter ohne Öhrchen.

Blattscheide offen.

Blatthäutchen groß und weiß.

Halm: auch oberirdisch verzweigt.

63. Kanariengras (*Phâlaris canariénsis L.*).

Einjährig. Stark bestockte Horste. Höhe bis über 1 m. Blüte Juni. Reife mit dem Getreide. Früher als Körnerfrucht angebaut zur Gewinnung von Vogelfutter. Heute eine Bernburger Futtersorte als Stützpflanze im Zweitfrucht- und Stoppelleguminosengrünfuttergemenge empfohlen. Befällt nicht mit Rost und Mehltau. Aber verholzt leicht. Samenanbau ist einfach und ertragreich. Same fällt nicht aus. Nähere Ausführungen S. 116.

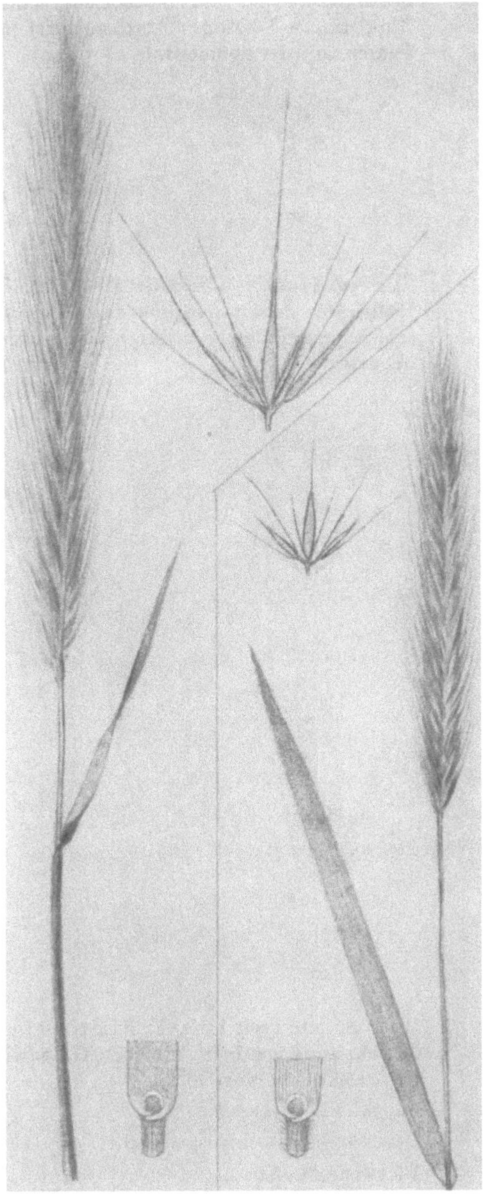

Mäusegerste (links)

Wiesengerste (rechts)

Blütenstand: eine echte und auch Scheinähre. Von den drei Ährchen an einer Spindelansatzstelle ist das mittlere ungestielt (also echtährig), die beiden seitlichen sind aber gestielt (also scheinährig).

Ährchen: einblütig, zu dreien an einer Ährenachsenansatzstelle. Hüllspelzen des mittleren Ährchens bei der Mäusegerste flächig und bewimpert, bei der Wiesengerste auch diese wie die anderen rein grannig. Die Deckspelzengrannen bei der Mäusegerste viel länger als bei der Wiesengerste.

Blatt: Spreiten mittelbreit, Mäusegerste 2—8 mm, Wiesengerste 2—6 mm, gerieft, zart behaart oder kahl.

Jüngstes Blatt gerollt.

Blätter mit häutigen Öhrchen.

Blattscheide offen, bei Wiesengerste oft stärker behaart.

Blatthäutchen kurz, bei Mäusegerste etwas länger.

Triebgrund: bei Wiesengerste oft knollig verdickt.

64. Mäusegerste (*Hórdeum murinum L.*).
Überjährig. Höhe unter 50 cm. Blüte Juni.
Häufig an den Straßenrändern in der Nähe der Dörfer.

65. Wiesengerste, Roggengerste (*Hórdeum nodósum L. – Hórdeum secalínum Schreb.* –).
Ausdauernd. Horstig. Höhe bis über 80 cm, Blüte Juni/Juli.
Ein frühwüchsiges, nicht sehr ertragreiches, aber sehr gern gefressenes, nährstoffreiches Gras insbesondere auf Marschweiden, aber auch auf Salzgrünland. Nicht ansaatwürdig, aber durchaus zu dulden.

Blütenstand: eine fast geschlossene echte Ähre mit 2—3 blütigen Ährchen meist in Paaren an jeder Spindelstufe.

Ährchen: groß, ± 2 cm lang, 2—3 blütig. Hüllspelzen etwa so lang wie das Ährchen, sehr zugespitzt und an den Kielen etwas behaart.

Blatt: Spreite breit bis sehr breit, 10 bis 20 mm, stark gerieft, blaubereift, steif, bei Trockenheit eingerollt.

Jüngstes Blatt gerollt.

Blattöhrchen stark ausgebildet.

Blattscheide offen.

Blatthäutchen vorhanden.

66. **Blauer, breiter Helm,** Strandroggen, Strandgerste (*Elymus arenárius L.*).
Ausdauernd mit weithin kriechenden unterirdischen Ausläufern, die den Dünensand festlegen. Blüte von Juni an.
Neben dem Strandhafer der wichtigste Dünenbefestiger mehr an der Leeseite. Die Samen werden in Island zur Brotbereitung benutzt. Neuerdings berühmt geworden durch die Kreuzungen mit dem Weizen, die Zizin vornahm, um die Vielkörnigkeit des Blauen Helms mit der Großkörnigkeit des Weizens zu kombinieren.

Blütenstand: eine Scheinähre rispiger Herkunft.

Ährchen: groß, 10—15 mm lang, einblütig. Blüte ohne Granne. Hüllspelzen länger als die Blüte.

Blatt: Spreite schmal bis mittelbreit, bis 6 mm, gerieft, steif, oft eingerollt.

Jüngstes Blatt gerollt.

Blätter ohne Öhrchen.

Blattscheide offen.

Blatthäutchen sehr lang, bis 3 cm, tief gespalten.

67. Strandhafer (*Ammóphila arenária (L.) Roth*).

Ausdauernd, mit weithin kriechenden unterirdischen Ausläufern. Höhe über 1 m. Blüte Juli.

Das wertvollste Gras zur Festlegung der Dünen, wird dort zu diesem Zwecke angepflanzt. Die langen verzweigten, tiefbewurzelten Ausläufer legen den Sand fest, und an den aufrechten Trieben bricht sich der Wind und sammelt sich der Sand, und neue Ausläufer werden gebildet zur weiteren Festlegung des Sandes.

Blütenstand: eine Doppeltraube (selten rispig) mit spindelfernem Ährenansatz.

Ährchen: mittelgroß, ± 5 mm lang, mehrblütig, nicht zahlreich, Blüten ohne Granne.

Blatt: Spreite schmal, 2—4 mm breit, ungerieft, unbehaart.

Jüngstes Blatt gerollt.

Blätter ohne Öhrchen.

Blattscheide geschlossen.

Blatthäutchen sehr kurz.

68. Zittergras (*Bríza média L.*).

Ausdauernd. Horstig. Höhe unter 50 cm. Blüte Mai bis Juli.

Auf armen Wiesen der verschiedensten Feuchtigkeitslagen als Untergras. Weicht der Kultur. Das schöne Gras ist nur noch selten anzutreffen.

Zweiter Teil

DIE GRÄSER ALS FUTTERPFLANZEN UND UNKRÄUTER AUF DEM GRÜNLANDE UND AUF DEM ACKERLANDE

Die im ersten Teil in **Wort und Bild** vorgeführten Gräser sind die Hauptbestandsbildner unserer Wiesen und Weiden in allen ihren Formen, sie nehmen eine wichtige Stellung im Feldfutterbau in fast allen seinen Formen ein und sind z. T. schlimme Ackerunkräuter. Wo sie vorkommen, wie man die Futtergräser unter ihnen fördert und die Unkrautgräser bekämpft, soll hier getrennt nach Wiese, Weide und Feldfutterbau abgehandelt werden. Abschließend folgt ein Kapitel über die Bekämpfung der Ackerunkrautgräser.

Vorbemerkungen über die Grünlandwasserstufen

Da die Wasserverhältnisse nicht nur über die Entwässerungsbedürftigkeit, sondern auch über die Grünlandfähigkeit und die Nutzungsmöglichkeit des Grünlandes entscheiden, also bei vielen Hauptproblemen der Neuordnung des Grünlandes im Mittelpunkt des Interesses stehen und auch von Einfluß auf die verschiedenen Formen des Feldfutterbaues sind, soll allen weiteren Ausführungen eine Einteilung der Böden nach den Wasserverhältnissen vorangestellt werden.
Dabei gehen wir aus von den Wasserstufen der Reichsbodenschätzung, die jedem aus den Ergebnissen der Grünlandschätzung bekannt sind.
Als Wasserstufe 1 und 2 werden die gut regulierten Feuchtigkeitslagen, die frische und die feuchte bezeichnet, die weder zu naß noch zu trocken sind. Dabei darf die beste Stufe 1 nur gegeben werden, wenn auch in Nässe- oder Trockenzeiten keine vorübergehende Vernässung oder Austrocknung eintritt. Mit 3, 4 und 5 werden die schlechteren Wasserstufen bezeichnet; und zwar mit 3 +, 4 +, 5 + die nach dem Nassen zu immer schlechteren und mit 3 —, 4 —, 5 — die nach dem Trockenen zu immer schlechteren. Man kann die Wasserstufen 1 und 2 dann auch durch ein dazugesetztes + oder — weiter kennzeichnen, wobei 1 + und 2 + die sehr gute und gute feuchte Lage wiedergeben, 1 — und 2 — die sehr gute und gute frische Lage und 1 und 2 ohne weiteren Zusatz die sehr gute und gute frisch/feuchte Lage.
Wir hätten also die folgenden Wasserstufen

5 +	4 +	3 +	1 + 2 +	1 2	1 — 2 —	3 —	4 —	5 —
naß	halbnaß	schon etwas zu naß	feucht	frisch/feucht	frisch	schon etwas zu trocken	halb-trocken	trocken
Streu- und Pferdeheulage		kaum noch brauchbare Wiesenlage	Ausgesprochene Wiesen- und Weidelage			kaum noch brauchbare Weidelage	Hutungslage	

Außerdem gibt es noch in der Feuchtigkeit sehr wechselnde Lagen, man spricht von wechselnaß, wechselfeucht und wechseltrocken, ohne genau anzugeben, was darunter zu verstehen ist. Die Wasserstufen gestatten eine präzise Kennzeichnung.

3 ± kennzeichnet eine Lage, die zeitweise schon etwas zu naß und zeitweise etwas zu trocken ist.

4 ± kennzeichnet eine Lage, die zeitweise schon ziemlich naß und zeitweise schon ziemlich trocken ist.

4 +/3 — kennzeichnet eine Lage, die zeitweise schon ziemlich naß und zeitweise schon etwas zu trocken ist usw.

Diese in der Feuchtigkeit sehr wechselnden Lagen kommen in der Praxis nicht selten vor, sei es, daß das Grundwasser im Sommer versagt oder daß der Unterboden verkittet ist und das Grünland damit zeitweilig zu naß und zeitweilig zu trocken ist.

Bei dem soeben gebrachten Wasserstufenschema wird davon ausgegangen, daß die Wasserverhältnisse von den Stufen 1 und 2 nach der nassen Seite, also nach 3 +, 4 +, 5 + zu und auch nach der trockenen Seite, also nach 3 —, 4 —, 5 — zu immer schlechter werden. Das trifft auch im allgemeinen zu.

Es gibt aber auch nach dem Nassen zu Flächen, insbesondere Überschwemmungsflächen, die zügiges Wasser haben, auf denen die Hauptwurzelzone gut durchlüftet ist und ein höherer Nährstoffreichtum auch zur Wirkung kommen kann und die dann hochertragreiches Grünland darstellen. Es sind das die berühmten Militzwiesen. Wir bezeichnen diese Lage als Mi (sprich groß Mi) Wasserstufen, handelt es sich dabei um Weideflächen, analog als mi (sprich klein mi) Wasserstufen.

Nach dem Trocknen zu sind schon die 3 — Flächen nicht mehr wirklich gutes oder gar bestes Grünland, wohl aber gutes und sogar bestes und allerbestes Ackerland. Die Wasserstufe 4 — kann sogar ackerbaulich noch recht brauchbar sein. Man muß eben bedenken, daß die Wasserstufen für das Grünland geschaffen wurden und sich nicht ohne weiteres auf das Ackerland übertragen lassen. Auf die Einzelheiten soll hier nicht näher eingegangen werden. Wichtig ist vor allen Dingen, daß man bei der Frage der Grünlandfähigkeit eines Standortes die 2 — Flächen von den 3 — Flächen abgrenzen kann.Damit steht und fällt die Neuordnung des Grünlandes.

Selbstverständlich sind mit den Wasserstufen auch in der von uns erweiterten Form die Wasserverhältnisse noch nicht vollständig gekennzeichnet. Man müßte mindestens noch hinzusetzen, wie es mit den Überschwemmungen ist, mit Druck- und Qualmwasser, um nur einige sonst noch zu beachtende Besonderheiten der Wasserverhältnisse zu erwähnen.

Nicht unberechtigt ist die Frage, bei welchem Grundwasserstand die verschiedenen Wasserstufen gegeben sind. Es ist aber unmöglich, einen solchen für alle Böden und Klimagebiete anzugeben. Bei uns in Paulinenaue bei einem mittleren Jahresniederschlag von 540 mm und einer mittleren Jahresdurchschnittstemperatur von 8,6° liegt auf den 60–80 cm tiefen Niedermoorböden mit Sand im Untergrunde und mit guten Wasserregulierungsmöglichkeiten über Pumpen, Staue und Einstauvorrichtungen die Wasserstufe 1 oder 2 bei einem Grundwasserstand von 60–80 cm vor. Bei diesem Grundwasserstand handelt es sich um die optimale Wiesenlage, die optimale Weidelage und die optimale Lage für die Acker–Grünland-Wechselnutzung. Ein Grundwasserstand von 1 m ist schon eine 3 — Lage, also keine Grünlandlage mehr. Bei einem Grund-

wasserstand von 40 cm ist die Wasserstufe 3+, bei 20 cm die Wasserstufe 5+ vorhanden oder, wo wir das Grundwasser in Bewegung halten können, bei 30 bis 40 cm, Mi- und mi-Lagen.
Bei einem Grundwasserstand von 1 m oder 1,20 m – es handelt sich dann bei uns in Paulinenaue aber nicht mehr um Niedermoorböden, sondern um Anmoorböden – ist das Land, wie noch einmal mit allem Nachdruck betont werden muß, *nicht mehr grünlandfähig*, aber sehr gutes Ackerland mit der Möglichkeit eines sehr ertragreichen einjährigen Kleegrasbaues.
Ähnlich wie auf den Niedermoorböden ist es auf den Sandböden. Selbst Lehmböden sind in unserem Klimagebiet bei einem Grundwasserstand von 1 m bis 1,20 m nicht mehr eigentlich grünlandfähig. Sie haben die Wasserstufe 3 —, sind aber bestes Ackerland. In feuchterem Klima bei 700 mm und darüber wie in den Mittelgebirgen oder auch an der Küste kommt den besseren Böden die Wasserstufe 2 — zu. Sie sind schon grünlandfähig ohne Grundwasser. Damit ist aber immer noch nicht entschieden, ob sie ackerbaulich nicht noch höher nutzbar sind. Bei schwereren Böden in feuchtem Klima ist bei Grünlandnutzung ein Grundwasserstand von 1 m bis 1,20 m optimal, also die Wasserstufe 2 oder 1 gegeben, wenn wegen Staunässe nicht die Wasserstufe 3 ± angebracht ist.

Erstes Kapitel:

DIE GRÄSER AUF DEN WIESEN

A. Die Gräser auf den Dauerwiesen

I. Die Gräser auf den nassen Wiesen der Wasserstufen 5+ und 4+

Die nassen Wiesen 5+ und 4+ sind mehr oder weniger ausgeprägte Sauergraswiesen. Die Pflanzensoziologie sprach schon immer von Hochseggenwiesen mit Magnocariceten und Niederseggenwiesen mit Parvocariceten, neuerdings spricht man von *Großseggenriedern* und *Kleinseggenriedern*. Man kann noch weitere Unterteilungen machen, man kann *kalkreiche* Kleinseggenrieder und *saure* unterscheiden und vieles andere mehr. Landwirtschaftlich wichtiger sind aber einige andere Besonderheiten der Sauergraswiesen.
Der Landwirt, der Grünland beurteilen will, muß unbedingt wissen, daß es einige Süßgräser gibt, die in den Sauergrasbeständen vorkommen, die ebenso schlecht sind wie die Sauergräser. Das trifft nicht nur, wie jeder weiß, auf das *Schilfrohr* (Bildtafel 25) zu, dessen Hauptstandort im Wasser ist und das auf zweischnittigen Wiesen meist zurücktritt, sondern vor allem auf das *Schmalblättrige Reitgras* (Bildtafel 55) und auf das *Hundsstraußgras* (Bildtafel 54). Die beiden letzteren treten auf nassem Grünland sogar oft bestandbildend auf, sonst mehr mit den Kleinseggen als den Großseggen.
Landwirtschaftlich wichtig ist weiter, ob es sich bei den Großseggenriedern um Wiesen der *ausläufertreibenden Großseggen* handelt oder der *großen Bültseggen*, also um Bült-

seggenwiesen mit den bis über 50 cm hohen Bülten der *Steifen-* und der *Rispensegge.* Diese Bültseggenwiesen sind zwar in der Minderzahl, aber sie kommen doch großflächig vor, und mancher Traktorist kann ein Lied davon singen, wieviel Mühe die Entfernung der Bülten nach der Entwässerung macht. Früher hat man sie von Hand mit Bültsägen abgesägt. Die Traktoristen helfen sich heute dadurch, daß sie Lassos aus Holzketten über jeden einzelnen Bült werfen und diese dann einzeln mit dem Traktor herausziehen. Man müßte einmal versuchen, sie mit dem auf Traktorzug umgestellten Uhligschen Wiesenhobel abzuschneiden. Dieser Bülthobel ist auf vielen Stationen vorhanden und wird dort mit Erfolg gegen die Ameisenhaufen eingesetzt.

Durch ihre weißwolligen Fruchstände fallen in der nassen Lage die *Wollgräser* besonders auf. Es lohnt sich, festzustellen, um welche es sich handelt, denn sie geben wichtige Fingerzeige. Das *Schmalblättrige Wollgras* mit den vielköpfigen Fruchtständen ist ausläufertreibend und hat, wie schon der Name andeutet, schmale Blätter, und zwar einfachrinnige mit langen Dreikantspitzen an runden Trieben mit rosarotem Grunde und wächst mit den Großseggen und mehr noch mit den Kleinseggen zusammen. Das *Breitblättrige Wollgras* hat auch vielköpfige Fruchtstände, ist aber horstig, die Blätter sind breiter und klapprandig oder von unten gesehen doppelrinnig, auch ist die Dreikantspitze kürzer. Es ist typisch für Druckwasserland. Das *Einköpfige* oder *Scheidige Wollgras* mit dem einköpfigen Fruchtstand ist bültig, hat lange Dreikantblätter und ist typisch für saures hochmoorarmes nasses Grünland. Die schwer zersetzlichen Blattscheiden finden sich in faserigen Resten als „Torffaser" bis zu 5% im jüngeren Moostorf, dem Streutorf und zu über 5% in dem älteren Moostorf, dem Brenntorf.

Auffällig in der 4 + und 5 + Wiesenlage sind manchmal auch *Binsen*, nicht allerdings die bekannten Bültbinsen, an die der Landwirt gewöhnlich denkt, wohl aber einige ausläufertreibende, so zwischen den Großseggen die knotenblättrige *Stumpfblütige Binse*, die typisch für Druckwasser ist und mehr unter den Kleinseggen hier und da die *Fadenbinse* mit den dünnen Halmen und den tief, unterhalb der Mitte des Stengels angesetzten Blütenständen. Diese scheint mehr die 4 + und 3 + Lage zu bevorzugen und mehr auf beweideten nassen Flächen vorzukommen.

Alle diese nassen 4 + und 5 + Wiesen sind als Futterflächen minderwertig, die Großseggenwiesen geben bestenfalls gute Streuwiesen ab, die Kleinseggenwiesen auch das nicht einmal. Sie müssen, wenn man sie in eigentliche Kultur nehmen will, entwässert und nach der Entwässerung umgebrochen und mit passenden Grasgemischen angesät werden.

II. Die Gräser der nassen wasserzügigen nährstoffreichen Überschwemmungswiesen der Wasserstufe Mi (sprich groß Mi)

Einige nasse Wiesen, insbesondere im Überflutungsbereich, auf denen das Wasser nicht stagniert, sondern zügiger ist, so daß namentlich auch die Hauptwurzelzone durchlüftet ist und ein größerer Nährstoffreichtum zur Wirkung kommen kann, tragen statt minderwertiger Sauergräser hochwertige Süßgräser. Es sind das die Militzgräser; auf den sehr nassen Flächen, auf denen das Grundwasser während der Vegetationszeit auf etwa 20 cm herabsinkt, das *Hohe Mannagras* (Bildtafel 32) und auf den nassen Flächen

mit einem Grundwasserstand von etwa 40 cm das *Rohrglanzgras* (Bildtafel 57). Beide Gräser werden, auch von den Kühen, sehr gern gefressen, sie liefern hohe bis sehr hohe Erträge, es gibt Rohrglanzgraswiesen, die bis zu 150 dz/ha Heu liefern. Diese Militzwiesen, im Spreewald Wasserschlagwiesen genannt, werden von den Bauern sorgsam herausgeschnitten aus den großen Sauergrasflächen, die sie, weiter vom zügigen Wasser entfernt, umgeben. Sie müssen schon vor dem Schieben der Blütenstände gemäht werden, vertragen kein Beweiden, auch das Walzen vertragen sie nicht, man kann zu ihrer Erhaltung und Pflege wenig tun, nur dafür sorgen, daß das zügige Wasser, dem sie ihr Dasein verdanken, erhalten bleibt. Diese Militzwiesen werden überall dort verschwinden, wo man im Zuge der Entwässerungskampagne dazu übergeht, großflächig gutes Grünland der frisch/feuchten Wasserstufe zu schaffen. Man kann dabei nicht Rücksicht nehmen auf die kleinen eingestreuten Militzflächen, die sowieso oft befallen sind mit Rost, verschmutzt werden durch unzeitige Überschwemmungen, verunkrautet sind mit Giftpflanzen und schwer zugänglich sind. Man hat früher versucht, die anschließenden Sauergrasflächen nicht zu entwässern, sondern das Grundwasser dort durch Abpumpen und Verregnen in Bewegung zu bringen, um auch dort Militzwiesen zu schaffen. Das ist aber nicht gelungen. Rohrglanzgras könnte an sich angesät werden, die Samengewinnung ist zwar schwierig, weil es sehr leicht streut, aber es sind Samen auf dem Markte. Die künstliche Anlage von Rohrglanzgraswiesen gelingt aber eher in der feuchten Lage. Ja das Rohrglanzgras durchwurzelt den Boden mit seinem Wurzelnetz so tief und dicht, daß es vielleicht unter noch trockeneren Verhältnissen eine Anbauwürdigkeit besitzt.
Im Winter stehen Rohrglanzgraswiesen gewöhnlich unter Wasser, sie machen sonst im Winter den Eindruck von Ödland. Die oberirdischen Teile sind verschwunden. Rohrglanzgras überwintert nur unterirdisch und ist absolut winterfest.

In den Flutmulden der Überschwemmungsgelände, die besonders lange unter Wasser stehen, findet sich meist eine eigenartige Flora aus *Knickfuchsschwanz* (Bildtafel 50), *Quecke* (Bildtafel 1), Kriechendem Hahnenfuß und Gänsefingerkraut. Diese Bestände sind landwirtschaftlich kaum nutzbar.

III. Die Gräser der noch (oder schon) etwas zu nassen Wiesen der Wasserstufe 3+

Diese Wasserstufe ist der Hauptstandort der sogenannten Feuchtwiesenpflanzen der Pflanzensoziologie: von *Kohldistel*, *Engelswurz*, *Sumpfdistel*, *Wasserkreuzkraut*, *Wiesenkönigin*, *Wiesenknöterich* u. a. m. Aber einmal ist der Name „Feuchtwiese" landwirtschaftlich irreführend, denn unter feucht verstehen wir grünlandwirtschaftlich geregelte Wasserverhältnisse der Wasserstufe 2+ und nicht die noch zu nasse Wasserstufe 3+. Zum anderen sind alle diese Feuchtpflanzen ebensowenig an die Wasserstufe 3+ gebunden wie die Gräser, die in dieser Lage ihren Hauptstandort haben wie etwa die *Rasenschmiele* (Bildtafel 3) und das *Pfeifengras* (Bildtafel 23), das letztere unter sehr armen Verhältnissen. Was mit und dabei wächst, entscheidet über die Wasserstufe. *Kohldistelwiesen* mit Rohrglanzgras sind Mi-Wiesen, Kohldistelwiesen mit hohen und niederen Sauergräsern sind Wiesen der Wasserstufe 4+ und Kohldistelwiesen mit den Kulturgräsern der eigentlichen Grünlandlage Wiesenfuchsschwanz, Wiesenschwingel oder sogar Knaulgras haben die Wasserstufe 2. Wann die „reine Kohldistelwiese" der Wasserstufe 3+ anzunehmen ist, läßt sich aus dem Pflanzenbestand oft nicht entscheiden. Man lasse sich nicht täuschen, man führe einen Vergleich mit benachbarten Flächen durch, oder noch besser, man fertige ein Nivellement. Ich übernahm in Paulinenaue im Zuge der Neuordnung der Fluren solche Flächen. Das Nivellement zeigte, daß diese Flächen höher liegen als unsere besten Weiden in einigen 100 m Entfernung bei ähnlichen Bodenverhältnissen. Heute sind die Kohldistelflächen nach Öffnung der Gräben, nach Umbruch und Neuansaat zu bestem Grünland der Wasserstufe 2 geworden. Bei den *Pfeifengraswiesen* sollen die mit *Wassernabel* der Wasserstufe 3+, die mit *Schafgarbe* der Wasserstufe 2 angehören, aber auch das ist alles sehr fraglich. Man benutze solche Befunde nur als Fingerzeig und lasse das Nivellement entscheiden. Die *Rasenschmielen-* und *Pfeifengraswiesen* der Wasserstufe 3+ werden erst nach der Entwässerung zu hochwertigem Grünland. Durch Düngung allein lassen sich die Erträge zwar sowohl der Menge als auch der Güte nach etwas heben, wenn brauchbare Futtergräser wie *Weißstraußgras* (Bildtafel 52), *Gemeine Rispe* (Bildtafel 27), *Wiesenfuchsschwanz* (Bildtafel 49) und *Wiesenschwingel* (Bildtafel 46) daneben vorkommen. Aber die *Rasenschmiele* tritt bei Düngung kaum zurück, das *Wollige Honiggras* (Bildtafel 9) dehnt sich sogar aus, das *Pfeifengras* geht allerdings bei Düngung und regelmäßigem, zweimaligem Schnitt zurück, aber hochwertiges Grünland entsteht durch Düngung allein nicht. Es gibt Wiesen dieser Feuchtigkeitslage, die zum ersten Schnitt den Eindruck von reinen Wiesenfuchsschwanzwiesen machen und im zweiten Schnitt von reinen Rasenschmielenwiesen.

Auch ein Umbruch mit Neuansaat ohne vorherige Entwässerung bleibt in der Wasserstufe 3 + ein gewagtes Unternehmen. Aussichten hat hier das „chemische Pflügen".

Ähnlich wie die Rasenschmiele ist der *Rohrschwingel* (Bildtafel 47) zu beurteilen.

Sowohl Rasenschmiele als auch Pfeifengras vertragen Wechselfeuchtigkeit. Der Standort kann also auch der Wasserstufe 3± angehören.

IV. Die Gräser der feuchten, frisch/feuchten und frischen Wiesen der Wasserstufe 2 (und 1)

Mehr nach 2+ zu sind von unseren Kulturgräsern Hauptbestandsbildner die Obergräser *Wiesenfuchsschwanz* (Bildtafel 49), das mehr eine Art Migras ist und der *Wiesenschwingel* (Bildtafel 46), sowie die Untergräser *Weißstraußgras* (Bildtafel 52), *Gemeine Rispe* (Bildtafel 27). An Unkrautgräsern kommen vor die *Rasenschmiele* (Bildtafel 3), der *Rohrschwingel* (Bildtafel 47) und das *Wollige Honiggras* (Bildtafel 9). Auf verarmten Flächen sind *Flaumhafer* (Bildtafel 34) und vor allem *Wiesenruchgras* (Bildtafel 6) und schließlich *Pfeifengras* (Bildtafel 23) häufig.

Nach 2— zu herrschen von den Kulturgräsern die Obergräser *Glatthafer* (Bildtafel 4) und *Knaulgras* (Bildtafel 2) vor und von den Untergräsern die *Wiesenrispe* (Bildtafel 26). Rasenschmiele und Wolliges Honiggras sind hier seltener, auf den verarmten Flächen findet sich vor allem *Wiesenruchgras* (Bildtafel 6) an.

In den Mittelgebirgen fehlt der Glatthafer. *Goldhaferwiesen* (Bildtafel 5) nehmen dort die Stelle der Glatthaferwiesen ein. Zu einem brauchbaren Untergras wird hier das

Rotstraußgras (Bildtafel 53). Auf sehr verarmten rohhumosen Flächen kommt es mehr und mehr zur Vorherrschaft des ertragsarmen *Borstgrases* (Bildtafel 13).

Von Kräutern fehlen in den Wiesen der Wasserstufe 2, wenn es sich nicht um ausgesprochene Magerwiesen handelt, selten der *Wiesenkerbel*, der zum ersten Schnitt in die Blüte kommt und die *Bärenklaue*, die zum zweiten Schnitt blüht. Bei einseitiger Stickstoffdüngung, auf Jauche- und Abwasserwiesen nehmen sie leicht überhand, so daß sie dann als Unkräuter betrachtet werden müssen, die die Qualität des Heues herabsetzen. In kleineren Mengen gelten sie nicht als Unkraut, da sie, wie viele andere Kräuter auch, wegen des besonders hohen Mineralstoffgehalts die Qualität des Heues verbessern. Wiesenkerbel und Bärenklaue können noch als die verläßlichsten Anzeiger der Wasserstufe 2 gelten. Zwar sind ihre Pfahlwurzeln sehr plastisch, so daß sie auch in 3+ übergehen mit abgebogener Pfahlwurzel bzw. schrägen Beiwurzeln, und der Wiesenkerbel findet auch in 3— noch gute Lebensbedingungen. Noch weniger kann man andere Blumen der Wiesen ohne Berücksichtigung der jeweiligen Wurzelausbildung zum Sprechen bringen. So kommt der *Wiesensauerampfer* in fast allen Wasserstufen vor, wenn seine Blütenstände auch vornehmlich die 3+- und 2+-Wiesen zur Zeit des ersten Schnittes mit einem rötlichen Schleier überziehen. Er hat in diesen Lagen schräge Beiwurzeln, in pfahlwurzelnder Form geht er bis in die Wasserstufe 4— und 5— und in ausläufertreibender Form bis in die Lage 4+. Die Kohldistel ist ebenso häufig in 4+ wie in 3+ wie in 2. Die *Engelswurz* bevorzugt 3+, aber mit Pfahlwurzel findet man sie auch oft in 2. Die *Wilde Möhre* reicht mit sehr verschiedenartiger Wurzelausbildung von 4+ bis zu 4—. Bei Berücksichtigung der jeweiligen Wurzelausbildung hat sich der *Lanzettblättrige Wegerich* als sehr zuverlässiger Anzeiger der Wasserstufe erwiesen. Die drahtige Pfahlwurzel findet sich nie in den nassen Wasserstufen. In 3+ sind nur schräge Beiwurzeln vorhanden und in 4+ waagerechte.

Die Wiesen der Wasserstufe 2 geben bei guter Düngung in 2 Schnitten 60—80 dz/ha Heu. Sind reichlich Kleearten vorhanden, so genügt die Kaliphosphatdüngung und nötigenfalls dazu eine Kalkdüngung.

An Kleearten sind besonders häufig *Wiesenplatterbse*, *Vogelwicke* und *Zaunwicke*. Leider ist Saatgut davon nicht vorhanden, so daß man sie nicht mit ansäen kann.

Im Allgemeinen kann man alle Wiesen der Wasserstufe 2, wenn sie nicht mit Rasenschmiele oder Wolligem Honiggras verunkrautet sind, ohne Umbruch und Neuansaat durch richtige Düngung und rechtzeitigen Schnitt zu vollwertigen Wiesen machen und bei richtiger Weideführung zu noch besseren Weiden. Im Zuge der Neuordnung des Grünlandes wird man die meisten Wiesen dieser Wasserstufe mit Ausnahme einiger der Wasserstufe 2+, wenn sie aus Bodengründen nicht trittfest genug sind, in Mähweiden überführen. Der nicht beweidbare und grün auch etwas bittere und nicht gern gefressene Glatthafer verliert dabei sehr an Bedeutung. Auf Niedermoorböden wird man auch sehr oft zur Wechselwiese oder zu periodisch erneuerten Wiesen übergehen.

Sollten aus irgendeinem Grunde in der Wasserstufe 2 Dauerwiesen zur Ansaat kommen, so empfehlen sich die Saatmischungen der Tabelle auf S. 103.

Nicht berücksichtigt bei der Ansaat wird meistens die Gemeine Rispe. In Trockenjahren tritt sie zurück und hinterläßt dann Lücken. Da sie sehr früh fruchtet und die Samen sehr leicht ausfallen, ist die Saat auf geeigneten Böden meist so reichlich im Boden vorhanden, daß sie sich von selbst mehr als erwünscht einstellt.

	feuchte Lage	frische Lage
Wiesenschwingel	16 kg/ha	4 kg/ha
Wiesenfuchsschwanz	2 kg/ha	—
Glatthafer	—	10 kg/ha
Knaulgras	—	8 kg/ha
Wiesenlieschgras	4 kg/ha	4 kg/ha
Wiesenrispe	3 kg/ha	4 kg/ha
Weißes Straußgras	3 kg/ha	—
Rotschwingel	—	2 kg/ha
Weißklee	2 kg/ha	3 kg/ha
Schwedenklee	3 kg/ha	2 kg/ha
insgesamt	33 kg/ha	37 kg/ha

Ebenso wie der Wiesenfuchsschwanz könnte auch das Rohrglanzgras mit 2 kg/ha in der feuchten Lage mit berücksichtigt werden, aber ähnlich wie der Wiesenfuchsschwanz nur auf Mi ähnlichen Standorten, wo die beiden sich dann bestandbildend durchsetzen und man sich in der Schnittzeit nach diesen beiden früh zu schneidenden Gräsern richten kann.

Leider lassen sich, wie schon betont, die drei ausdauernden Leguminosen der frischen und feuchten Wiesen, die Wiesenplatterbse, die Vogelwicke und die Zaunwicke nicht mit ansäen, es sei denn, man beschaffte sich die Saat aus wilden Beständen.

V. Die Gräser der schon etwas zu trockenen Wiesen der Wasserstufe 3—

In dieser Lage haben Dauerwiesen keine Daseinsberechtigung, sie sind zu ertragsarm. Der bei uns auf dem Grünlande angestrebte durchschnittliche Heuertrag um 60 dz/ha ist hier nicht zu erreichen. Sie kommen aber gelegentlich vor und werden nur erwähnt, damit man sie erkennt, um sie dann in produktivere Kulturarten umzuwandeln.

Es handelt sich um die trockenen Varianten der *Glatthaferwiese* mit der *Aufrechten Trespe* (Bildtafel 37), der *Wiesensalbei*, dem *kleinen Wiesenknopf* und anderen Trockenheitsanzeigern.

In der 4—-Lage bildet die Aufrechte Trespe sogar reine Bestände. Um solche Trespen-Halbtrockenrasen handelte es sich früher bei vielen Saalewiesen. Sie brachten in 2 Schnitten nur 35 dz/ha eines ziemlich harten Heues, das im 2. Schnitt allerdings ausschließlich aus Blättern besteht. Mit der Beseitigung der vielen Parzellengrenzen wird man auf solchen Standorten wohl zur Ackerkultur übergehen, was bei diesen Saalewiesen schon vor 30 Jahren propagiert wurde.

B. Die Gräser auf den Wechselwiesen und den periodisch erneuerten Wiesen

Mehr als die Hälfte aller Wiesen in unserem Lande sind Niedermoorwiesen. Die Dauerwiesen verwahrlosen hier leicht. Rasenschmiele und Honiggras und Brennesseln schleichen sich leicht ein. Die erstrebten Erträge bringen sie, da sie arm an Leguminosen sind, zudem nur bei einer Stickstoffdüngung von 2 dz/ha zu jedem Schnitt.

Schon lange ist man deshalb auf Niedermoor dort, wo die Wasserverhältnisse geregelt sind, von der Dauerwiese zur Wechselwiese übergegangen. Auf 3 Jahre Kleegras folgen 3 Jahre Ackerbau, wobei in den Ackerjahren Hanf, Kartoffeln und Sommerroggen angebaut werden. Die 3 Kleegrasjahre bringen in den 3 Jahren ohne Stickstoffdüngung fast ebenso hohe Nährstofferträge wie die Dauerwiese in 6 Jahren. 80 bis 100 dz/ha Qualitätsheu lassen sich auf den Wechselwiesen ohne N-Düngung ernten. Zudem ist der Ackerbau auf Niedermoor nur bei Einschaltung von Kleegras wirtschaftlich überhaupt möglich. Man erstickt sonst im Unkraut, und die Vermullungsgefahr ist immer vorhanden.

Als Saatmischungen können für Wechselwiesen empfohlen werden:

	in der feuchten Lage	in der frischen Lage
Wiesenschwingel	16 kg/ha	4 kg/ha
Wiesenlieschgras	10 kg/ha	4 kg/ha
Glatthafer	—	6 kg/ha
Knaulgras	—	6 kg/ha
Wehrlose Trespe	—	2 kg/ha
Schwedenklee	3 kg/ha	—
Weißklee	3 kg/ha	4 kg/ha
insgesamt	32 kg/ha	26 kg/ha

Voraussetzung des Gelingens der Ansaat ist ein tadelloser Umbruch. Zum Ziehen der Antriebsfurche benutzen wir den etwas umgebauten Erdwolf und zum Pflügen den von uns sehr verbesserten Moorpflug. Auf zur Vermullung neigenden Niedermoorböden muß gedrillt werden, bei Breitsaat läuft die Saat nur bei Regenwetter auf. Sonst verkommt sie in der 2 bis 3 cm starken ausgetrockneten Mullschicht.

Gesät wird meistens um den 20. August, weil das die natürliche Saatzeit ist und die Saat kräftig in den Winter geht, ohne vorher noch abgeerntet werden zu müssen. Gefährlich ist diese Saatzeit, wenn man bisher rein ackerbaulich genutztes Niedermoor in Gras legen will. Es kommt dann leicht zu einer rettungslosen Verunkrautung mit Vogelmiere. Gewöhnlich kann man sich sonst gegen dieses Unkraut durch eine Hedolithgabe helfen, wenn dabei auch die mitangesäten Kleearten leiden, die sich aber auf den graswüchsigen Niedermooren doch kaum durchsetzen oder nur in der Wasserstufe 2+/3+, wo der bodenbürtige Stickstoff nicht so reichlich fließt. Nach reiner Ackerschwarzkultur ist anzuraten, Hanf anzubauen, der bei gutem Stande mit jedem Unkraut fertig wird und die Hanfstoppel vor der Ansaat im Frühjahr nicht zu wenden, sondern nur zu verwunden, damit nicht Unkrautsamen aus den tieferen Schichten nach oben kommen und die Neuansaat verunkrauten.

Neuerdings geht man auf dem Niedermoor von der *Wechselwiese* zu der *periodisch erneuerten Wiese* über. Man glaubt, daß die Wechselnutzung, so hohe Erträge sie auch liefert, auf die Dauer nicht tragbar ist, da in den Ackerjahren ein starker Humusschwund eintritt, der nur auf tiefgründigen Mooren in Kauf genommen werden könnte. Da die Dauerwiese, die diesen Humusschwund nicht im Gefolge hat, nicht ertragreich genug ist, bricht man sie immer wieder um, sobald sie verwahrlost und sät dann ohne Zwischennutzung oder nur mit einer einmaligen Zwischennutzung mit Hanf oder Winterroggengrünfutter neu an. Vom dritten Jahre nach der Neuansaat an muß man dann allerdings mit Stickstoff düngen. Diese periodisch nach 6 bis 7 Jahren erneuerte Wiese ist von einigen tüchtigen Bauern schon seit Jahrzehnten erprobt. Die Saatmischungen sind ähnlich wie bei der Wechselwiese, in der feuchten Lage setzt man zweckmäßigerweise 2 kg/ha Rohrglanzgras hinzu. Auf die Abänderungen, die sich ergeben, wenn man dieses periodisch erneuerte Grünland auch als Weide benutzen will, wird bei Abhandlung der Weiden eingegangen.

Die an sich so ertragreiche Wechselnutzung ist von bleibender Bedeutung auf den humosen Sandböden, wo die Gefahr des Humusschwundes nicht besteht. Hier herrscht der Klee in den Grasjahren vor, und es fällt in den 3 Kleegrasjahren mehr Humus an, als in den drei Ackerjahren verbraucht wird.

Zweites Kapitel:

DIE GRÄSER AUF DEN WEIDEN

A. Die Gräser auf den Dauerweiden

I. Die Gräser auf den nassen Weiden der Wasserstufen 5+ und 4+

Bei den Dauerwiesen haben wir die *Trockenrasen* und die *Halbtrockenrasen* der Wasserstufen 5— und 4— nur kurz erwähnt, weil sie als Wiese kaum Bedeutung haben, ähnlich erwähnen wir die *Groß-* und die *Kleinseggenweiden* der Wasserstufen 5+ und 4+ hier bei den Weiden nur der Vollständigkeit halber. Man wird diese Flächen kaum einmal beweiden. Beweidet werden allerdings oft Flächen der Wasserstufe 3+, auf denen die Kleinseggen eine Rolle spielen und Flächen der Wasserstufe mi (sprich klein mi).

II. Die Gräser auf den mi-nassen Weiden

Ähnlich wie es in der nassen Lage gute Süßgraswiesen gibt, die sogenannten Militzwiesen, gibt es dort auch eventuell gute Weiden, die aber nicht aus den nicht beweidbaren Hohen Militzgräsern bestehen, sondern aus den beweidbaren kleinen Militzgräsern. Die entsprechende nasse Wasserstufe nennen wir analog Wasserstufe mi (sprich klein mi).

Das beste Gras dieser mi-nassen Weiden ist das *Weißstraußgras* (Bildtafel 52). Wir haben eine solche Weißstraußgrasweide an der Küste der Ostseebodden nach jeder Richtung hin genau untersucht. Diese Weißstraußgrasweide hat einen mittleren Grundwasserstand von 20 bis 30 cm unter Flur und wird im Winter dauernd und im Sommer gelegentlich überflutet. Sie ist allein bei der gegebenen natürlichen Schlickdüngung ohne jede Zusatzdüngung so produktiv, daß drei Kühe auf einem ha dort den Sommer hindurch ausreichende Nahrung bei guten Leistungen finden. Auch nach Überflutungen ist die Weide sofort wieder betretbar. Ein etwa 6 cm starker Wurzel*teppich* im wahrsten Sinne des Wortes verhindert ein Durchtreten, selbst wenn das Vieh, wie es dort der Fall ist, gleich nach einer Überschwemmung wieder grast. Das Weißstraußgras wird sehr gern gefressen und hat einen hohen Futterwert. Ähnlich wie das Rohrglanzgras gedeiht es nicht nur in der mi-Lage, sondern auch in der Wasserstufe 2, es sollte dort zur Erhöhung der Tragfähigkeit der Narbe mitangesät werden. Das Weißstraußgras hat zwar bei der üblichen Benotung nicht die höchstzulässige Note 8, sondern nur die Note 5 bekommen. Das dürfte damit zusammenhängen, daß das Weißstraußgras sehr formenreich ist. Bei unseren mit vielen Wiederholungen angelegten Geschmacksprüfungsversuchen im Rhinluch, bei denen die dort ausgelesene Bernburger Sorte verwendet wurde, hat das grasende Vieh das Weißstraußgras auf allen Wiederholungen vor allen anderen Weidegräsern, auch vor der Wiesenrispe und dem Deutschen Weidelgras bevorzugt.

Ein Gegenstück zum Hohen Mannagras auf den Militzwiesen ist das *flutende Mannagras* (Bildtafel 33) auf den Militzweiden. Es kommt unter noch nasseren Verhältnissen vor als das Weißstraußgras und wird nicht so gern gefressen, liefert auch nicht annähernd so hohe Erträge.

Aber ähnlich wie die Militzwiesen kommen die Militzweiden in der nassen Lage nur stellenweise vor. Man wird sie im Rahmen der Entwässerungskampagne, wo es geht, in gut feuchte Weiden umwandeln. Das ist bei den nassen Weiden auch schon deshalb notwendig, weil sie leberegel- und lungenwurmgefährdet sind und man dauernd befürchten muß, daß die weidenden Tiere von diesen und anderen Parasiten befallen werden.

III. Die Gräser auf den etwas zu nassen Dauerweiden der Wasserstufe 3+

An guten Kulturgräsern kommen hier vor das *Weißstraußgras* (Bildtafel 52), die *Gemeine Rispe* (Bildtafel 27) und auch der *Wiesenschwingel* (Bildtafel 46), an Armutsgräsern das *Pfeifengras* (Bildtafel 23) und das *Wiesenruchgras* (Bildtafel 6/7), an sonstigen Magerpflanzen *Kleinseggen*, weniger die in den Kleinseggenriedern bestandbildende *Braune Segge* und die *Graue Moorsegge*, sondern mehr die *Gelbe Segge*, die *Hirsensegge* und die *Behaarte Segge*, die man eigentlich kennen müßte. Ich hoffe, daß die Sauergrastabelle im Anhang die notwendige Anleitung gibt. An Unkräutern treten in dieser Lage leicht die *Rasenschmiele* (Bildtafel 3), das *Wollige Honiggras* (Bildtafel 9), die *Horstbinsen* und verschiedene *Hahnenfußarten* auf, von denen der Flammende Hahnenfuß giftig ist und der Scharfe nicht ganz harmlos. Unter den Kleearten ist der *Sumpfschotenklee* häufiger als der Hauptklee aller Weideländereien, der *Weißklee*. Wirklich befriedigende Dauerweiden gibt es in dieser Lage nicht. Es bedarf einer Entwässerung, um hochwertiges Weideland zu schaffen, zumal auch diese Flächen leberegel- und lungenwurmgefährdet sind. Solange die Entwässerung nicht durchgeführt ist, wird man versuchen, die Flächen umbruchlos zu verbessern. Die Binsen lassen sich mit Hormonmitteln zurückdrängen (über die Einzelheiten siehe im Anhang unter Binsen), die guten Gräser fördert man durch Düngung, die Rasenschmiele und das Honiggras hält man in Schach durch tiefes Nachmähen nach dem Umtreiben und durch kurzes Abweiden; vor allem muß streng darauf gehalten werden, daß diese

Unkrautgräser, die beide eine hohe Samenproduktion haben, auf der Weide nicht zum Absamen kommen; beim Honiggras geschieht das leicht im Vorsommer, bei der Rasenschmiele im Spätsommer. Zum Umbruch wird man sich nur in trockenen Jahren entschließen können. Nach der Entwässerung hingegen ist der Weg über den Umbruch und die Neuansaat nur dort nicht der bessere, wo er sich aus irgendwelchen Gründen verbietet.

IV. Die Gräser auf den feuchten, frisch-feuchten und frischen Dauerweiden der Wasserstufe 2 (und 1)

Hier ist der Standort unserer drei besten Dauerweidegräser: des *Deutschen Weidelgrases* (Bildtafel 43), der *Wiesenrispe* (Bildtafel 26) und des *Wiesenschwingels* (Bildtafel 46).

Das *Deutsche Weidelgras* bevorzugt die schweren Böden und das milde Seeklima. In den Höhenlagen hält es die harten Winter und die lange Schneebedeckung nicht aus, und im Binnenlande versagt es insbesondere auch in den Sommermonaten. Es ist das Hauptweidegras der Nordseemarschen. Die besten Marschweiden bestehen bis zu 80% aus dem Deutschen Weidelgras, was schon *C. A. Weber* vor 50 Jahren feststellte und von uns bei der genauen Aufnahme von Weideköögen bestätigt werden konnte. Es ist aber auch hauptbestandsbildend in den Elbmarschen und dortselbst sogar noch unter dem kontinental getönten Klima der Altmärkischen Wische. Es ist zwar horstig, aber mehr lockerhorstig mit kurzen Ausläufern und ist von sich aus schon zu einer geschlossenen Narbenbildung befähigt. Es ist wintergrün, kommt sehr früh im Frühjahr, treibt sehr gut nach, trockene Sommer ausgenommen, und wird sehr gerne gefressen und hat einen hohen Futterwert. Auf alten Dauerweiden haben sich besondere Sorten herausgebildet, die erst später und nicht so intensiv Halme treiben. Auch die Lembkesche Sorte, Malchower Spätling, hat diesen Dauerweidecharakter. In allen Tönungen der Wasserstufen 2 und 1 ist das Deutsche Weidelgras bei entsprechenden Boden- und Klimaverhältnissen führend. Die Saatgutgewinnung ist relativ leicht, Saatgut ist reichlich vorhanden und relativ billig. Man benutzt es deshalb gerne auch als Füller bei der Ansaat von Wiesenrispenweiden, da die Wiesenrispe sich erst später durchsetzt. Man darf dann aber nicht zu große Mengen verwenden, höchstens bis zu 10 kg/ha, weil es bei seiner schnellen Jugendentwicklung leicht unterdrückt. Auf den Dauerwiesen spielt es als Untergras kaum eine Rolle. Dagegen ist es von größter Bedeutung auch beim Kleegrasbau zum Weiden, also bei der Wechselweide.

Die *Wiesenrispe* (Bildtafel 26) ist das Hauptweidegras aller Lockerböden, d. h. nicht nur der Moorböden und der humosen Sandböden, sondern auch der mehr oder weniger grusigen Mittelgebirgsböden. Im Gegensatz zum Deutschen Weidelgras versagt es auch in den Höhenlagen nicht, es ist auch nicht an das Seeklima gebunden, verträgt von allen wüchsigen Weidegräsern (das Knaulgras ausgenommen) am meisten Trockenheit, besonders bei häufiger Abdeckung mit organischem Material. Gemeint ist hier die breitblättrige Form von latifolia, mit mittelbreiten bis 6 mm breiten Blattspreiten, die in mehreren Zuchtsorten vorhanden ist, nicht die minderwertige schmalblättrige Form v. angustifolia mit den schmalen nur 2 mm breiten Blattspreiten, die oft borstlich gefaltet sind und kein Kulturgras des Grünlandes, sondern eine Hutungspflanze trockener armer Böden ist. Die Wiesenrispe hat unterirdische Ausläufer mit gedrängten Gliedern, die aus den Knoten reichbestockte Triebe treiben und sie zu dichtem Narbenschluß befähigen. Sie treibt nicht so früh wie das Deutsche Weidelgras, aber doch recht früh, wächst gut nach, störende Halmtriebe treten seltener auf als beim Deutschen Weidelgras, sie wird gerne gefressen und ist von hohem Futterwert. Im Gegensatz zum Deutschen Weidelgras ist sie nicht nur ein Dauerweide-, sondern auch ein Dauerwiesengras, und zwar das bedeutsamste Wiesenuntergras in allen Nuancen der Wasserstufe 2 (und 1). Bei ihrer langsamen Jugendentwicklung nach der Ansaat scheidet sie hingegen beim Kleegrasbau, beim Wechselgrünland und beim periodisch erneuerten Grünland aus, wenn man von der Egartenwirtschaft absieht. Vielleicht verdient sie aber bei der Ansaat von Wechselgrünland und periodisch erneuertem Grünland doch eine gewisse Berücksichtigung, wenn es sich herausstellen sollte, was neuere Untersuchungen wahrscheinlich machen, daß sie das Wachstum der neben ihr wachsenden Kulturgräser günstig beeinflußt. Hohe Leistungen bringt sie nur bei guter Stickstoffversorgung. Bei unseren Stickstoffsteigerungsversuchen mit Gaben bis zu 720 kg/ha Reinstickstoff wurde sie auch bei der höchsten Gabe nicht zurückgedrängt und wertete diese besonders gut aus. Die Samengewinnung ist nicht so einfach wie beim Deutschen Weidelgras. Die Reinsaatmenge dabei beträgt etwa 10 kg/ha.

Das dritte unserer besten Dauerweidegräser, der *Wiesenschwingel* (Bildtafel 46) ist eines unserer besten Kulturgräser überhaupt. Er ist nicht nur ein bestes Dauerweidegras, sondern auch eines der besten Wiesenobergräser und von größerer Bedeutung auch im Kleegrasbau und beim periodisch erneuerten Grünland, auch wird er, da er nicht verdrängt, gerne als Füller statt der Weidelgräser benutzt. Der Wiesenschwingel bildet lockere Horste, es kommen auch kurze Ausläufer vor. Er treibt früh und wächst sehr gut nach, wird gerne gefressen und ist von hohem Futterwert. Das Weiden verträgt er. Er bevorzugt mehr die 2+-Lage und die 2-Lage, versagt auch nicht in der 3+-Lage, sondern eher in der 2—-Lage, in gewissem Sinne könnte man ihn sogar als Mi-Gras bezeichnen. Der Wiesenschwingel geht bis in die höchsten Lagen der Mittelgebirge. Im blütenlosen Zustande kann man den *Wiesenschwingel* (Bildtafel 46) leicht mit dem *Welschen Weidelgras* (Bildtafel 45) verwechseln. Die beiden Bildtafeln sind absichtlich nebeneinander gebracht, damit sich die Unterschiede dort bequem studieren lassen. Die Saatgutgewinnung ist ziemlich einfach, wenn auch nicht so leicht wie beim Deutschen Weidelgras, so doch nicht so schwierig wie bei der Wiesenrispe. Die Reinsaatmenge bei dem Anbau zur Samengewinnung ist 18—20 kg/ha.

Neben den drei Hauptweidegräsern kommen in der Wasserstufe 2 an Kulturgräsern mehr nach 2+ zu noch das *Weißstraußgras* (Bildtafel 52) und die *Gemeine Rispe* (Bildtafel 27) vor. Das Weißstraußgras erhöht, wie wir schon bei den mi-Weiden betonten, durch seine reichbewurzelten unterirdischen Ausläufer die Trittfestigkeit der Narbe sehr und wird deshalb auch in der feuchten Lage in einigen Mengen mit angesät. Die Gemeine Rispe ist zwar ein sehr gutes Weidegras, aber sie versagt nur bei reichlicher Nährstoffzufuhr nicht in den späteren Umtrieben und versagt bei Trockenheit total und hinterläßt dann Lücken, die besonders groß sein können, da die oberirdischen Ausläufer in feuchten Zeiten sehr um sich greifen. Sie wird nicht mit angesät, da sie sich auf geeigneten Standorten von selbst einstellt, was bei der frühen Reife und dem leichten Samenabfall leicht verständlich ist.

Mehr nach der 2—-Lage finden wir oft das *Knaulgras* (Bildtafel 2). Seine Rolle wird bei der 3—-Lage genauer besprochen. Hier sei nur erwähnt, daß man es bei Dauerweideansaaten in der 2—-Lage im allgemeinen nicht berücksichtigen sollte, da es im Wachstumsrhythmus mit den anderen guten Weidegräsern nicht harmoniert.

Eine genaue Darstellung der *Quecke* (Bildtafel 1), die besonders auf Moorweiden sehr häufig, ja in heißen Trockenjahren dominierend werden kann, erfolgt bei Abhandlung der Bekämpfung als Ackerunkraut.

In den Mittelgebirgen kommt als Kulturgras auf den Dauerweiden der 2-Lage noch das *Kammgras* (Bildtafel 44) hinzu. Absichtlich wurde es im Bilde gleich hinter dem Deutschen Weidelgras (Bildtafel 43) gebracht, weil es blütenlos mit diesem leicht verwechselt werden kann und oft verwechselt worden ist. Das Kammgras wurde früher sowohl in seiner Verbreitung als auch in seinem Wert stark überschätzt. Es treibt sehr harte Fruchthalme und da diese vom Vieh zunächst verschmäht werden, hält man es für sehr verbreitet. Es hat nach Analysen einen sehr hohen Futterwert und wird auch sehr gerne gefressen, selbst die harten Fruchthalme werden vom Weidevieh im Spätherbst mit weggeputzt, aber es hat nur kleine blattarme Horste, die noch dazu schlecht nachtreiben, es liefert keine Massen und wird leicht unterdrückt und hält sich in größerer Menge nur auf nicht in hoher Kultur befindlichen Weiden, wie sie in den Mittelgebirgen und in Heidegegenden häufiger vorkommen. Dort kann man Weiden antreffen, die bis zu 50% aus Kammgras bestehen. Hier bedarf es keiner besonderen Förderung aber auch keiner Bekämpfung.

Mehr nach 2+ zu sind die Weiden oft mit *Rasenschmiele* (Bildtafel 3) und *Wolligem Honiggras* (Bildtafel 9) verunkrautet. Man wird sich in der umbruchfähigen 2-Lage bei der Bekämpfung nicht mit dem Nachmähen und guter Weideführung, also dem Inschachhalten dieser beiden schlimmen Unkräuter begnügen, sondern den Umbruch mit nachfolgender Neuansaat vorziehen, wenn er sich nicht aus irgend einem Grunde verbietet.

Bei Auftreten von *Bültbinsen* muß man mit dem Umbrechen vorsichtig sein. Besser ist es, man vernichtet die Bültbinsen mit Wuchsstoffherbiziden und verwundet die Narbe dann oberflächlich und sät an. Binsen in dieser Feuchtigkeitslage deuten meist auf verdichteten Boden hin. Beim Pflügen wird zusätzlich eine Pflugsohlenverdichtung geschaffen und der Binsenwuchs nimmt zu. Bei den Bültbinsen handelt es sich gewöhnlich um die Flatterbinse und die Knäuelbinse, weniger um die Blaue Binse, die viel seltener und mehr an quelligen Stellen vorkommt und abgesehen von der blauen Farbe durch. den rilligen Stengel und das gefächerte Mark gekennzeichnet ist. Die beiden Bültbinsen, Flatterbinse und Knäuelbinse lassen sich nach den Versuchen, die in den letzten 10 Jahren durchgeführt worden sind, an denen auch wir uns in unserer Versuchsstation im Spreewald beteiligt haben, mit Wuchsstoffherbiziden vernichten. Angewendet werden je ha 4 kg Spritzhormit, in 600 l Wasser gelöst, am besten Anfang Juni. Nicht nur die Binsenhalme und -blätter sterben unter Braunfärbung von oben nach unten ab, auch die unteren Stengelteile und die Wurzelstöcke vermorschen. Eine eingehende Darstellung der Binsenbekämpfung findet sich im Anhang.

Die Armutsgräser *Wiesenruchgras* (Bildtafel 6) und *Pfeifengras* (Bildtafel 23) gehen bei guter Düngung zurück, das trifft auch auf das *Borstgras* (Bildtafel 13) zu, das in den Mittelgebirgen und auch anderswo auf rohhumosen, total verarmten Böden weite

Bestände bildet, die ertragsarmen, fast ertragslosen Nardeten. Diese Borstgrasbestände stocken z. T. auf zu nassen Böden, dann bedarf es der vorhergehenden Entwässerung, z. T. auf trockenen Böden, dann ist überhaupt nicht viel zu erreichen; sonst lassen sich ohne Umbruch allein durch Düngung, bei der die Kalkdüngung vorausgehen muß, hochwertige Weiden schaffen. Das haben wir auf den verschiedensten Standorten im Harz und im Thüringer Wald in langjährigen Versuchen feststellen können. Ohne Umbruch und Neuansaat kommt es dort zunächst zu den mittelmäßigen *Horstrotschwingelweiden* (Bildtafel 48) und erst allmählich zu noch hochwertigeren Pflanzenbeständen. Umbruch und Neuansaat führen auf umbruchfähigen Flächen schneller zum Ziel. Mit der Höhenlage nehmen die auch bei bester Düngung und Weideführung erzielten Erträge ab, in den höchsten Kammlagen des Erzgebirges gehen die Weideerträge, in Heu ausgedrückt, über 60 dz/ha kaum hinaus.

Saatmischungen für Dauerweiden der Wasserstufe 2 (und 1)

1. Niedermoorstandorte:

	2+ Ziel: Wiesen- schwingelweide	2– Ziel: Wiesen- rispenweide
Wiesenschwingel	20 kg/ha	10 kg/ha
Wiesenlieschgras	4 kg/ha	4 kg/ha
Wiesenrispe	4 kg/ha	8 kg/ha
Weißes Straußgras	2 kg/ha	—
Rotschwingel	—	2 kg/ha
Deutsches Weidelgras	4 kg/ha	4 kg/ha
Weißklee	4 kg/ha	4 kg/ha
insgesamt	38 kg/ha	32 kg/ha

2. Humose und anmoorige Sandbodenstandorte mit Grundwasser

Die Mischungen sind etwa die gleichen wie beim Niedermoor. Deutsches Weidelgras kann man evtl. etwas stärker berücksichtigen, aber nicht mit mehr als 10 kg/ha, da es infolge seiner schnellen Anfangsentwicklung leicht verdrängt.

3. Bessere Mineralbodenstandorte in den Mittelgebirgen auf mehr oder weniger grusigen Lehmböden

	Ziel: Wiesenschwingel- Wiesenrispenweide
Wiesenschwingel	12 kg/ha
Wiesenrispe	6 kg/ha
Wiesenlieschgras	4 kg/ha
Deutsches Weidelgras	6 kg/ha
Rotschwingel	4 kg/ha
Weißklee	4 kg/ha
insgesamt	36 kg/ha

4. *Bessere Mineralbodenstandorte in klimatisch milderen feuchteren Lagen (wie großen Teilen Mecklenburgs) mit nur geringem Grundwassereinfluß*

	Ziel: Weidelgras-Wiesenrispenweide
Deutsches Weidelgras	18 kg/ha
Wiesenrispe	6 kg/ha
Wiesenschwingel	6 kg/ha
Wiesenlieschgras	4 kg/ha
Weißklee	4 kg/ha
	38 kg/ha

5. *Schwere Aueböden*

	2+ Ziel: Weidelgras-Wiesen-schwingelweide	2– Ziel: Weidel-grasweide
Deutsches Weidelgras	18 kg/ha	18 kg/ha
Wiesenschwingel	8 kg/ha	4 kg/ha
Wiesenlieschgras	4 kg/ha	4 kg/ha
Weißes Straußgras	2 kg/ha	—
Wiesenrispe	2 kg/ha	4 kg/ha
Rotschwingel	—	2 kg/ha
Weißklee	4 kg/ha	4 kg/ha
insgesamt	38 kg/ha	36 kg/ha

V. Die Gräser auf den schon etwas zu trockenen Dauerweiden der Wasserstufe 3–

In dieser Grünlandwasserstufe 3– liegt kein vollwertiges Grünland mehr, wohl aber bestes Ackerland. Man sollte deshalb Grünland hier nur dulden, wenn es aus irgendeinem besonderen Grunde sein muß.

Bei regelmäßiger mineralischer Düngung, insbesondere auch bei regelmäßiger Abdeckung mit Kompost oder Stallmist lassen sich auf den schwereren Böden noch Weidelgrasweiden geringerer Ertragsfähigkeit anlegen und auf den Lockerböden entsprechende Wiesenrispengrasweiden. In der Pflanzensoziologie spricht man von *Marbel-Weidegesellschaften*, die durch das Vorkommen der Marbel (siehe Anhang) und anderer Trockenheitsanzeiger gekennzeichnet sind. Wir haben hier in Paulinenaue eine solche Dauerweide als Kälberweide in der Nähe des Hofes auf einem reinen Talsandboden mit einer Krume von 30 cm und einem Humusgehalt in der Krume von 3% und fast unbeeinflußt vom Grundwasser, das erst in einer Tiefe von 2,50 bis 3 m ansteht; trotzdem finden sich dort keine Trockenheitsanzeiger. Die Pflanzenbestände sind genauestens untersucht, da der Stickstoffsteigerungsversuch auf dieser hofnahen Dauerweide am Institut liegt. Das Hauptgras ist die Wiesenrispe, sie hat neben der

Quecke der Trockenheit der letzten Jahre am besten standgehalten. Nur in Spuren vorhanden ist der Rotschwingel, während er auf einer Gänsekoppel daneben dominiert. Diese Trockenweide wird in Zukunft beregnet werden, bei den Kälberweiden am Hof wird sich die Beregnung bezahlt machen.
Bei der eventuellen Anlegung solcher nichtberegneter Trockenweiden empfehlen sich die folgenden Ansaatgemische:

	auf schweren Böden	auf Lockerböden
Deutsches Weidelgras	16 kg/ha	10 kg/ha
Wiesenrispe	2 kg/ha	6 kg/ha
Rotschwingel	4 kg/ha	—
Wiesenlieschgras	2 kg/ha	2 kg/ha
Hornschotenklee	1 kg/ha	—
Gelbklee	1 kg/ha	1 kg/ha
Weißklee	2 kg/ha	3 kg/ha
insgesamt	28 kg/ha	22 kg/ha

Vom *Rotschwingel* (Bildtafel 48) darf man nur die ausläufertreibenden Zuchtsorten mit den über 2 mm breiten Blattspreiten wählen, vom Horstrotschwingel mit den unter 2 mm breiten Blattspreiten, der in den Mittelgebirgen auf mäßig gedüngten Flächen die mäßigen Rotschwingel-Rotstraußgrasbestände bildet, ist Saatgut nicht vorhanden und auch nicht nötig. Man hat vor einigen Jahrzehnten geglaubt, daß der Rotschwingel dürreresistenter sei als die Wiesenrispe. Das hat sich mittlerweile als nicht zutreffend herausgestellt. Wir berücksichtigen ihn deshalb bei der Ansaat nur auf den schweren Böden, wo die Wiesenrispe nicht recht vorankommt und außerdem bei der Ansaat von Mittelgebirgsweiden, wo das Deutsche Weidelgras mehr und mehr ausscheidet.
Von den wertvollen Weidegräsern verträgt die Trockenheit bei weitem am besten das *Knaulgras* (Bildtafel 2), wenn es auch keineswegs das Kulturgras wirklich leichter Böden im Binnenlandklima ist, wie behauptet worden ist. In anderen Ländern hat es seinen Siegeszug bereits angetreten, bei uns noch nicht. Wir lehnen es auf Dauerweiden der Wasserstufe 2, auf denen unsere drei herkömmlichen besten Weidegräser Deutsches Weidelgras, Wiesenrispe und Wiesenschwingel gut gedeihen, im allgemeinen ab, weil es die Partner leicht und mit der Zeit immer mehr unterdrückt und bei seinem sehr frühen Wuchs und seinem besonders schnellen Nachwuchs bereits überständig ist, wenn die anderen Gräser weidefähig werden, es also den Weidebetrieb stört. Wir werden in Zukunft versuchsweise reine Knaulgrasweiden auch in der Wasserstufe 2 anlegen mit 4 kg/ha Weißklee + 20 kg/ha Knaulgras.
Daß das Knaulgras bei der Ansaat von frischen Dauerwiesen, Wechselwiesen und periodisch erneuerten Wiesen die Hauptrolle neben dem noch trockenheitsresistenteren aber nicht weidefähigen Glatthafer spielt, wurde schon erwähnt. Auf seine Rolle im Kleegrasbau wird noch eingegangen. Da das Knaulgras Stickstoff und Wasser ausgezeichnet verwertet, ist seine Stellung im Abwassergrünland noch nicht abzusehen.

Bekanntlich gibt es unter den Berliner Rieselwiesen reine hochertragreiche Knaulgrasflächen. Auf Abwasserweiden sind große Versuche mit Knaulgras von uns eingeleitet. In Geschmacksprüfungsversuchen wurde es von den Weidetieren auf den Abwasserweiden vor allen anderen Gräsern bevorzugt.

VI. Die Gräser auf den Hutungen der Wasserstufen 4— und 5—

In der Pflanzensoziologie spricht man von den *Kalktrockenrasen* mit der *Aufrechten Trespe* (Bildtafel 37), von den *Sandtrockenrasen* mit dem *Schafschwingel* (Bildtafel 11), von den *trockenen Sandheiden* mit *Schafschwingel* und heidigen Elementen und *heidigen Borstgrasrasen.* Über all diese Hutungen wollen wir uns nicht weiter auslassen. Einer höheren Kultur können diese Flächen nur zugeführt werden, wenn der Bodencharakter es zuläßt.

Etwas näher eingehen müssen wir auf den *Schafschwingel* (Bildtafel 11 und 12). Wir wollen uns nicht auf die Abartenfrage einlassen, die ziemlich ungeklärt ist. Abgebildet haben wir die Abart *v. duriuscula,* die in der Griesen Gegend in Mecklenburg seit 100 Jahren im Rahmen der Fruchtfolge zur Samengewinnung angebaut wird und durch seine enormen Wurzelrückstände die Kultur der leichten grundwasserfernen Sandböden um Klassen hebt. Im Anbau sind immer wieder große Fortschritte erzielt worden, der letzte ist der von *K. R. Schultz-Klinken* vollzogene Übergang zum einjährigen Anbau mit starker Stickstoffdüngung im Herbst nach der Ernte der Überfrucht Roggen. Diese Abart Hartschwingel, die eine ausgesprochene Schafweideform darstellt, ist auf dem Weltmarkt nicht mehr voll abzusetzen. Andere Formen werden gesucht für Zierrasen, eine davon ist die von uns mit abgebildete Form *v. capillata,* der Haarschwingel. Wir können die weitere Zukunft unseres Schafschwingelsamenbaues getrost dem besten Kenner überlassen, der intensiv an der Aufrechterhaltung und dem erweiterten und verbesserten Anbau des Schafschwingels zur Samengewinnung arbeitet. Hingewiesen sei nur darauf, daß dieser so hochwertige Schafschwingelsamenanbau nichts zu tun hat mit dem Anbau des Schafschwingels zur Erzielung von Schaffutter. Es kann eventuell richtig sein, hier und dort trockene Sandböden in Schafschwingelhutungen zu legen. Aber diese sind als Futterflächen nur wenig produktiv, bestenfalls liefert 1 ha die Weide für 5—6 anspruchslose Schafe.

Auf den allerleichtesten humuslosen Sandböden gedeiht auch der Schafschwingel nicht. Dort wächst von den Gräsern nur noch das *Igelgras* (Bildtafel 10).

B. Die Gräser auf den Wechselweiden

Wechselweiden waren früher im Rahmen der Feldgraswirtschaft sehr verbreitet, es gab eine *schleswig-holsteinische*, eine *mecklenburgische*, eine *märkische Koppelwirtschaft*, in der einige Kleegrasjahre innerhalb der Fruchtfolge mit den übrigen Feldfrüchten wechselten. Die großen Wurzelrückstände des Kleegrases kamen den Folgefrüchten zugute. Im ersten Jahre wurde das Kleegras geheut, in den Folgejahren wurde es beweidet. Später wurde der mehrjährige Kleegrasschlag zur Erhöhung der Erträge in einen einjährigen Rotkleegrasschlag zum Heuen und einen zweijährigen Weißkleegrasschlag zum Weiden aufgelöst. Aber in den meisten Gegenden hat sich nur der einjährige Rotkleegrasschlag zum Heuen erhalten. Die Erträge der Weißkleegrasschläge befriedigten im allgemeinen nicht mehr. In Brandenburg lösten sie sich mit dem Rückgang der Schafhaltung auf, auch in Mecklenburg traten sie mehr und mehr zurück, nur in Teilen von Schleswig-Holstein und in Dänemark erhielten sie sich, insbesondere seitdem eine wüchsige Weißkleesorte, der dänische Morsoeklee zum Anbau kam. Diese *zweijährigen Morsoekleegrasweiden* werden mit etwa 8—10 kg/ha Morsoeklee + 10 kg/ha Deutsches Weidelgras + 8 kg/ha Wiesenschwingel + 2 kg/ha Timothee angesät. Im 2. Jahre werden die Morsoekleegrasweiden zusätzlich mit Stickstoff gedüngt. Sie geben hohe Erträge, die denen bester Dauerweiden nicht nachstehen, außerdem erhöhen sie durch ihre Wurzelrückstände die Erträge der nachfolgenden Ackerfrüchte und erhalten und vermehren die Bodenfruchtbarkeit. Es ist nicht einzusehen, weshalb diese dänische Kleegraswirtschaft nicht auch bei uns Bedeutung erlangen sollte, jedenfalls in den Küstengebieten und in anderen klimatisch nicht ausgesprochen trockenen Lagen. Neben dem *Morsoeklee*, dem *Deutschen Weidelgras* (Bildtafel 43), dem *Wiesenschwingel* (Bildtafel 46) und dem *Timothee* (Bildtafel 58) könnte auf leichteren Böden der Gelbklee mit berücksichtigt werden und von den Gräsern das *Knaulgras* (Bildtafel 2). Im kleinen Kleebuch, das diesem kleinen Grasbuch folgen wird, soll über die eingeleiteten Maßnahmen zur Ausdehnung der Wechselweide berichtet werden.

C. Die Gräser auf den periodisch erneuerten Weiden

Auf Niedermoorböden entarten nicht nur die Dauerwiesen mit der Zeit, so daß dort der Übergang zur periodisch erneuerten Wiese die Forderung des Tages ist, im geringeren Maße trifft das auch auf die Dauerweiden zu, ja wenn man durch zusätzliche Stickstoffdüngung sehr hohe Erträge erzielen will, entarten die Dauerweiden dort fast in ebenso hohem Maße wie die Dauerwiesen. Die Forderung nach Umwandlung der Dauerweiden in periodisch erneuerte Weiden wird immer lauter. Von tüchtigen Bauern wird die periodisch erneuerte Weide auf Niedermoor schon lange praktiziert. Wir überprüfen die sich ergebenden Möglichkeiten auf breiter Grundlage. Als Saatmischungen für periodisch erneuerte Weiden benutzen wir:

Wiesenschwingel	16 kg/ha
Wiesenlieschgras	8 kg/ha
Weißstraußgras	2 kg/ha
Wiesenrispe	4 kg/ha
Weißklee	4 kg/ha
insgesamt	34 kg/hr

Auf den frischen Standorten der Wasserstufe 2— versuchen wir es auch mit reinen Knaulgrasweiden (4 kg/ha Weißklee + 20 kg/ha Knaulgras). Auch auf den periodisch erneuerten Abwasserweiden nimmt das Knaulgras eine zentrale Stellung ein.

Drittes Kapitel:

DIE GRÄSER IM FELDFUTTERBAU

A. Die Gräser im Hauptfutterbau auf dem Acker

Zum Hauptfutterbau auf dem Acker gehören außer der schon abgehandelten *Wechselwiese* und *Wechselweide* hauptsächlich der *Luzernebau* und der *Rotkleebau.* Im Einzelnen wird im kleinen Kleebuch über diese Formen des Futterbaues berichtet werden. Hier sei nur angedeutet, daß die *Luzerne* bei uns wohl im allgemeinen rein angebaut wird und auch angebaut zu werden verdient, daß es aber auf anlehmigen Böden im ostbrandenburgischen Trockengebiet sich empfehlen kann, der Luzerne etwas *Glatthafer* (Bildtafel 4), der von allen Kulturgräsern wegen seiner tiefen Bewurzelung am trockenheitsresistentesten ist, mit Vorteil beizumischen (20 kg/ha Luzerne + 6 kg/ha Glatthafer) und in frischen Lagen etwas *Wiesenschwingel* (20 kg/ha Luzerne + 6 kg/ha Wiesenschwingel). Beide Gräser verdrängen nicht. Das Knaulgras, das auch als Beimischung benutzt wird, verdrängt dagegen vom 2. Jahr an stark und von Jahr zu Jahr immer stärker. Auf diese und andere Einzelheiten kann aber erst bei der genauen Abhandlung des Luzernebaus im kleinen Kleebuch eingegangen werden.

Im *Rotkleebau* war es schon immer üblich, in den feuchteren milderen Lagen *Welsches Weidelgras* (Bildtafel 45) beizumischen. Höhere Mengen als 6 kg/ha zu 16 kg/ha Rotklee darf man aber nicht beigeben, da es bei seiner raschen Jugendentwicklung sonst zu stark verdrängt. Neuerdings wird vorgeschlagen, statt des Welschen Weidelgrases, da es nicht sehr winterfest ist und auch im Wachstumsrhythmus nicht mit dem Rotklee harmoniert, insbesondere bei witterungsbedingt etwas verspätetem Schnitt schon überständig ist, *Wiesenschwingel* in Mengen von 10 kg/ha oder *Timothee* in Mengen von 6 kg/ha oder auf leichten Böden *Knaulgras* in Mengen von 10 kg/ha beizugeben und diese Mengen schon im Herbst mit der Wintergetreideüberfrucht auszusäen und den Klee im Frühjahr nachzusäen. Timothee verträgt selbst Novemberaussaat, die anderen beiden Gräser sind bei einer Aussaat nach September nicht mehr sicher. Die Beigabe von Timothee, nicht schon im Herbst, sondern erst im Frühjahr, ist übrigens im Erzgebirge schon immer üblich, im ersten Jahre erntet man dieses Rotkleegras, das weitgehend aus Klee besteht, als Grünfutter, im 2. Jahr gewinnt man einen sehr ergiebigen Heuschnitt, der weitgehend nur aus Timothee besteht; die Beigabe von Knaulgras zu Rotklee im Frühjahr ist auf den leichteren Böden in vielen Gegenden gebräuchlich. Das Erbswickgemenge als Hauptfrucht ist nur ein Notbehelf, es soll deshalb beim Zweitfutterbau besprochen werden.

B. Die Gräser im Zweitfutterbau

Da der Winterzwischenfutterbau mit Recht einen immer größeren Umfang einnimmt — liefert er doch hohe und sichere Erträge, mit denen man in der Futterplanung als feste Größe rechnen kann — gewinnt der Zweitfruchtbau nach Winterzwischenfutter immer mehr an Bedeutung. Das ertragreichste Zweitfutter ist zwar im allgemeinen der Silomais. Nach den späten Winterzwischenfrüchten, so insbesondere auch nach dem Landsberger Gemenge gelingt die termingerechte Bestellung im Monat Mai oder spätestens in den ersten Tagen des Juni aber nur bei hoher Schlagkraft des Betriebes und dann auch nicht in jedem Jahr. Außerdem bedarf es einer späteren Junizweitfrucht nach dem als Frühjahrsvorfutter angebauten Sommerroggen. Dann bleiben außer dem Spätkohl, dessen optimaler Pflanztermin um den 15. Juni herum liegt, dem Markstammkohl, der in den mehr kontinentalen Gebieten nicht sicher ist und dem Grünfuttermais nur noch Futtergemenge übrig, in denen nur auf den leichten Böden die Gräser keine große Rolle spielen.

Im *Erbswickgemenge* kann man statt der üblichen Haferbeigabe auch *Kanariengras* (Bildtafel 63) verwenden. Es hat den großen Vorteil, daß es sehr lagerfest ist und nicht mit Rost oder Mehltau befällt. Es ist recht wüchsig, bestockt sich gut und ist blattreich. Der Futterwert ist wegen des etwas größeren Rohfasergehaltes von über 30% allerdings nicht sehr befriedigend. Bewährt haben sich in den Versuchen der D. A. L. 20 kg/ha Kanariengras + 50 kg/ha Felderbsen + 25 kg/ha Sommerwicken, bzw. 20 kg/ha Kanariengras + 50 kg/ha Sommerwicken + 20 kg/ha Felderbsen. Geerntet muß werden zwischen Schossen und Blühbeginn, weil das Kanariengras sonst zu hart wird. Da das Kanariengras schon im April angesät werden kann, ist diese Beigabe von Kanariengras auch möglich beim Anbau des Erbswickgemenges als Hauptfrucht. Es ist dann Mitte Juli schnittreif. Es kann nur ausgesät werden bis Mitte Juli, als Stoppelfruchtbeigabe scheidet es deshalb im allgemeinen aus. In Reinsaat mit 30 kg/ha zur Futtergewinnung kann man das Kanariengras nicht empfehlen. Sehr leicht ist die Samengewinnung. Angebaut zur Saat wird es wie Sommergetreide, und zwar mit 25 kg/ha in einer Reihenentfernung von 20 cm und einer Saattiefe von 2 cm. Bei Aussaat im April reift es etwa mit dem Hafer. Wegen des absolut festen Samensitzes kann die Ernte in der Totreife mit dem Mähdrescher erfolgen. Eine so späte Ernte ist auch vorteilhaft, damit es besser ausdrischt und voll keimfähig ist. Die kaffeebraunen nackten entspelzten Körner sollen möglichst nicht anfallen. Sie sind ebenso minderwertig wie die von Glatthafer und Timothee. Der Samenertrag liegt für Gräser sehr hoch, bei 15 dz/ha und höher, der Vermehrungsfaktor liegt bei 50. Das ist ein großer Vorzug.

Als Zweitfrucht stehen aber auf allen frischeren Böden die *Hohen Weidelgräser* von den Gräsern obenan. Bei Vergleichsprüfungen hat sich das *Bernburger Einjährige Weidelgras* neben dem überjährigen *Welschen Weidelgras* und dem einjährigen *Westerwoldischen Weidelgras* besonders bewährt. Mit 40 kg/ha ausgesät, liefert es bei 40 kg/ha N zu jedem Schnitt als Zweitfrucht noch mehrere Schnitte.

Neben diesen wirklich wichtigen Zweitfruchtgräsern werden noch die *Kolben-* und die *Rispenhirse* und das *Sudangras* empfohlen. Alle drei kommen nur als Zweitfrüchte in Betracht, da sie wegen der Frostempfindlichkeit erst Mitte Mai ausgesät werden können. Beginnen wir mit dem *Sudangras* (Bildtafel 22), das schon seit mehr als 30 Jahren empfohlen wird, über das die meisten Erfahrungen vorliegen. Gelobt wurde es wegen seiner hohen Dürreresistenz und seiner hohen Grünfettererträge. Die Dürreresistenz bezieht sich aber leider nicht auf leichtere Böden oder gar reine Sandböden, und die Grünfuttererträge sind nicht sehr befriedigend. Nach den langjährigen Versuchen insbesondere von *Tiemann* liegen die Grünfuttererträge bei der frühest möglichen Aussaat um die Maimitte mit der vollen Aussaatstärke von 50 kg/ha in zwei Schnitten bei insgesamt nur 250 dz/ha Grünmasse. Es kann allenfalls als Stützpflanze in dem Erbswickgemenge in Mengen von 25 kg/ha empfohlen werden. Im Gegensatz zu den Erbswickgemengen mit Hafer oder Kanariengras hat das mit Sudangras einen zweiten Aufwuchs aus dem Sudangras, der in günstigen warmen Jahren einen zweiten Schnitt lohnen kann, sonst aber nur eine mäßige Weide abgibt. Der Samenbau von Sudangras ist bei uns kaum möglich.

Die *Kolbenhirse* (Bildtafel 20) und die *Rispenhirse* (Bildtafel 21) sind nur einschnittig. Als einschnittige Grünfutterpflanzen spielen sie in wärmeren Ländern eine große Rolle. *Es sind das die sogenannten einjährigen Gräser, von denen im Gegensatz zu den mehrjährigen des Trawopolnajasystems gesprochen wird.* Sie haben den Vorzug des hohen Vermehrungsfaktors, also der billigen Saat und einer gewissen Dürreresistenz. Es muß aber noch geprüft werden, wieweit sich diese auch auf die leichteren Böden bezieht. Sie können erst Mitte Mai bestellt werden, haben eine langsame Jugendentwicklung, bestocken sich aber recht gut und sind dann schnell und massenwüchsig, werden aber schnell überständig. Als Reinsaatmenge zur Futtergewinnung werden bei der Kolbenhirse 15 kg/ha und bei der Rispenhirse 20 kg/ha empfohlen. Wegen ihrer etwas schnelleren Jugendentwicklung soll die Kolbenhirse auch als Beisaat im Erbswickgemenge in Mengen von 10 kg/ha geeignet sein. Der Saatbau ist bei uns nur in wärmeren Klimalagen möglich. Angebaut werden sie dann wie Getreide. Die Reife liegt um den ersten September, bei der Rispenhirse mehr in der letzten Augustdekade, bei der Kolbenhirse mehr in der ersten Septemberdekade. Die Ernte bereitet keine Schwierigkeiten, weil die Samen sehr fest sitzen. Die Erträge liegen bei 15 dz/ha, der Vermehrungsfaktor liegt damit bei etwa 100. Die Reinsaatmenge beim Samenanbau beträgt 10 kg/ha bei der Kolbenhirse und 15 kg/ha bei der Rispenhirse. Auch andere Neuzüchtungen von Hirsen laufen. Sie verdienen unsere größte Aufmerksamkeit.

C. Die Gräser im Winterzwischenfutterbau

Der Winterzwischenfutterbau kann in seiner Bedeutung gar nicht überschätzt werden. Mit seinen großen Erträgen, die nur auf sehr geringen Böden unter 200 dz/ha Grünmasse liegen und bei seiner absoluten Sicherheit, jedenfalls bei dem Anbau von Winterroggengrünfutter, bildet der Winterzwischenfutterbau mit bis zu 15% der Ackerfläche einen Eckpfeiler der Futterwirtschaft und ist ein wichtiges Mittel im Kampf gegen alle Unkräuter und in dieser Beziehung so wirksam wie früher die Brache.

Das wichtigste Gras im Winterzwischenfutterbau ist der *Winterroggen.* Auf ein Drittel der vorgesehenen Winterzwischenfutterfläche säen wir in Paulinenaue den Bernburger Futterroggen schon Anfang September. Wegen seiner starken Bestockung ist er nicht frittfliegengefährdet. Schon von Mitte April an können wir 50—60 Pfund Winterroggengrünfutter je Tier und Tag im Kuhstall zufüttern. Der Roggen ist dann zwar noch nicht grünfutterschnittreif im gewöhnlichen Sinne des Wortes, die Grannen kommen noch lange nicht zum Vorschein, er ist noch nicht einmal im Halmschoßstadium, sondern erst im vollen Blattschoßstadium, aber er ist doch schon über kniehoch und liefert etwa 120 dz/ha Grünmasse. In diesem Zustande, der acht bis vierzehn Tage vor der sogenannten Grünfutterschnittreife liegt, und auch vor dem Weideaustrieb lohnt sich Beifütterung schon. Die Milcherträge, auch wenn sie hoch sind, steigen, von einem täglichen Stalldurchschnitt beispielsweise von 16 kg auf 17 bis 18 kg, die Kühe werden bestens auf den Weidegang vorbereitet, Weidetetanie kennen wir nicht. Wenn dieses erste Winterroggengrünfutter abgeerntet ist, zeigen sich schon auf dem zweiten Drittel bei dem etwas später gesäten Bernburger Futterroggen die Grannen, er wird grünfutterschnittreif und anschließend der auf dem letzten Drittel zur normalen Saatzeit ausgesäte Petkuser Roggen, so daß einen Monat hindurch laufend Grünfutter anfällt, das, wenn es als solches nicht gebraucht wird, ins Silo kommt. Als Zweitfrucht nach dem Winterroggengrünfutter folgt überall Silomais. Wir ernten auf humosen Sandböden ohne Grundwassereinfluß und auf den anmoorigen Sandböden mit etwas Grundwassereinfluß im Schnitt 200 dz/ha Roggengrünfutter und anschließend 500 dz/ha Silomais — nicht von Parzellen, sondern von ganzen Schlägen, gewogen werden bei uns die eingebrachten Fuhren — das sind insgesamt etwa 130 dz/ha Trockensubstanz auf 30er Böden in einem Jahr. Die Saatmenge beim Bernburger Roggen beträgt 180 kg/ha, beim Petkuser 220 kg/ha.

Leider läßt sich der Grünfutterroggen nicht heuen. Ist man gezwungen, Heu aus dem Winterzwischenfutter zu gewinnen, so wählt man das Landsberger Gemenge, das in seiner ursprünglichen Form mit 20 kg/ha Welschem Weidelgras + 20 kg/ha Inkarnatklee + 30 kg/ha Winterwicke kaum noch angebaut wird, sondern mehr in Form des Wickgrasgemenges mit 24 kg/ha Welschem Weidelgras + 50 kg/ha Zottelwicke oder in Form des reinen Anbaus von *Welschem Weidelgras* (Bildtafel 45) mit Saatmengen von 40 kg/ha. Ende August/Anfang September ausgesät, liefert das Landsberger Gemenge bei Düngung mit nur 40 kg/ha N auch auf leichteren nicht mehr kleefähigen Böden in der ersten Dekade des Juni noch etwa 50 dz/ha Heu, auf besseren Böden 60 dz/ha Heu und das Welsche Weidelgras allein bei einer Düngung von 100 kg/ha N bis zu 100 dz/ha Heu in einem Schnitt. Leider ist die Nachfruchtfrage nicht ganz leicht zu lösen. Am besten ist es, man nutzt den Nachwuchs des Welschen Weidelgrases zur Samengewinnung. Bei einer Nachdüngung mit 40 kg/ha N erntet man, wenn der Regen nicht ausbleibt, in den ersten Augusttagen bis zu 6 dz/ha Weidelgrassamen. Man kann den Nachwuchs unter Umständen auf frischen Sandböden auch als Weide nutzen. Sonst ist die Nachfruchtfrage sehr schwierig. Das Welsche Weidelgras kann meistens erst im Juni geschnitten werden, der Silomais fällt als Nachfrucht aus, der Boden ist an Wasser sehr erschöpft, die anderen Nachfrüchte gedeihen nur, wenn genügend Regen fällt.

Das Welsche Weidelgras ist außerdem nicht sehr winterfest und geht nicht auf die allerleichtesten Sandböden. Als Ersatz des Welschen Weidelgrases sind deshalb zwei andere Gräser vorgeschlagen worden: in Deutschland die *Roggentrespe*, die in einer Bernburger Züchtung vorliegt und in Dänemark die *Ackertrespe*.

Die *Roggentrespe* (Bildtafel 35) muß wie das Welsche Weidelgras Ende August/Anfang September gesät werden, in Reinsaat in Mengen von 35 kg/ha, im Gemenge mit Winterwicke mit 20 kg/ha Roggentrespe + 50 kg/ha Winterwicke. Die Reinsaat empfiehlt sich nicht, da sie sehr stark mit Mehltau befällt. Ich habe aber auch noch kein Gemenge mit Winterwicke erlebt, bei dem die Roggentrespe nicht stark mit Mehltau befallen war. Es ist noch sehr fraglich, ob nicht auch auf leichten Böden das Welsche

Weidelgras doch überlegen ist. Ich habe es jedenfalls erlebt, daß man auf sehr leichten Böden, wenn es unbedingt sein muß, auch Heu über das Welsche Weidelgras gewinnen kann. Man muß in solchen Fällen aber schon im Frühjahr des Vorjahres untersäen, dann bringt das Welsche Weidelgras nach dem Winter in der ersten Junidekade noch 40 dz/ha Heu auch auf sehr leichten Böden.
Mit der *Ackertrespe* (Bildtafel 42) scheint man in Dänemark auch nicht recht voranzukommen.
Der Saatbau der Roggentrespe ist sehr einfach und ergiebig. Alles ist ähnlich wie beim Getreide. Herbstsaat mit 30 kg/ha Anfang September bringt eine Ernte im Juli, Frühjahrssaat eine Ernte Anfang August. Die Ernte erfolgt bei Vollreife mit dem Mähdrescher. Die Erträge belaufen sich auf 15 bis 20 dz/ha. Die Samen haben eine Keimruhe auch nach Mähdrusch bei Vollreife von einigen Wochen.

D. Die Gräser im Stoppelfutterbau

Die besten Gräser im Stoppelfutterbau sind zweifellos der *Sommerroggen* und das *Bernburger Einjährige Weidelgras* (Bildtafel 45).
Auf den frischen Böden liefert der Sommerroggen bei einer Aussaat von 250 kg/ha, möglichst eng gedrillt, in der ersten Augustwoche ausgesät und mit 60 kg/ha N gedüngt, schon Ende September 200 dz/ha Grünmasse, die kaum Rostbefall zeigt, während Hafer als Stoppelfrucht auch im Gemenge wegen des schweren Rostbefalls völlig versagt. Leider ist der Vermehrungsfaktor beim Sommerroggen nicht sehr hoch. Auf Moorböden werden bei zünftigem Sommerroggenanbau 30 dz/ha Körner geerntet, der Vermehrungsfaktor wäre also 12. Auf unsere Anregung hin wird der Körnersommerroggen als Futterpflanzensaatgut erfaßt.
Günstiger ist der Vermehrungsfaktor bei dem Bernburger Einjährigen Weidelgras. 10 dz/ha Weidelgrassaat ist mindestens ebenso leicht zu erzielen wie 30 dz/ha Sommerroggen. Da die Reinsaatmenge zur Futtergewinnung 40 kg beträgt, wäre der Vermehrungsfaktor 25.
Ob das Bernburger Weidelgras dem Sommerroggen auch in den Futtererträgen als Stoppelfrucht überlegen ist, steht noch nicht fest, ist aber anzunehmen. Die Großversuche in der Praxis laufen noch.
Von den anderen Gräsern ist keines noch im August als Stoppelfutter ansaatwürdig.

E. Die Gräser im Untersaatzwischenfutterbau

Die Untersaaten zur Zwischennutzung bestehen aus den verschiedensten Kleearten und der Seradella. Im kleinen Kleebuch wird darauf näher eingegangen. Hier sei nur betont, daß es richtig sein kann, den Kleearten Welsches Weidelgras beizugeben, nicht aber die einjährige Abart, denn diese überwächst die Überfrucht. Auch das Deutsche Weidelgras hat als Beigabe einige Aussichten, weil es schon mit der Wintergetreideüberfrucht im Herbst mit ausgesät werden kann. Wieweit es möglich sein wird, auch Schafschwingel und Rotschwingel in den Zwischenfruchtbau einzuschalten, muß abgewartet werden. Futtermassen ergeben sich dabei nicht. Aber die Wurzelbelieferung des Bodens kann bei der von *K. R. Schultz-Klinken* herausgefundenen neuen Methode des Anbaus so groß sein, daß eine Einführung als Untersaatzwischenfrucht nicht unmöglich erscheint.

F. Die Gräser im Frühjahrsvorfutterbau

Es gibt nur ein Gras, das für den Frühjahrsvorfutterbau geeignet ist, das ist der *Sommerroggen*, er ist das schnellwüchsigste Gras, das wir haben. Möglichst früh im Frühjahr mit 220 kg/ha gesät, bringt er auf allen frischen Böden mit 50 kg/ha Stickstoff gedüngt, 200 dz/ha Grünmasse gleich im Anschluß an das letzte Winterroggengrünfutter. Wir machen von diesem Frühjahrsvorfutterbau regelmäßig Gebrauch und lassen am 15. Juni Spätkohl folgen. Hafer wächst nicht entfernt so schnell, ist erst einen Monat später schnittreif. Auch das Bernburger Weidelgras hält nicht Schritt. Folgen lassen kann man das später schnellwüchsigste Gras, den Mais, aber nicht mehr zur Silagegewinnung, sondern zur Grünfutternutzung.

Viertes Kapitel:

DIE GRÄSER ALS ACKERUNKRÄUTER

(Ihr Vorkommen und ihre Bekämpfung)

A. Die ausdauernden Ackerunkrautgräser

(Die Queckenunkräuter)

Der Acker wird von mehreren Gräsern verqueckt, neben der *Echten Quecke* (Bildtafel 1), vom *Roten Straußgras* (Bildtafel 53), im Volksmund Sandquecke genannt, da es besonders auf leichten Sandböden vorkommt, vom *Weichen Honiggras* (Bildtafel 8), im Volksmund Hochmoorquecke genannt, da es abgesehen von den Sandböden besonders auf den Hochmooräckern und den hochmoorig versauerten, an sich besseren Mineralböden der Mittelgebirge auftritt, dann vom *Flechtstraußgras* (Bildtafel 52), das oberirdische Ausläufer hat und feuchte Ackerstellen mit seinem Ausläuferflechtwerk überzieht und schließlich vom *Schilfrohr* (Bildtafel 25), das hier und da als Ackerunkraut eine Rolle spielt. Alle queckenartigen Ackerunkräuter, mit Ausnahme des Schilfrohrs, lassen sich leichter bekämpfen als die Echte Quecke. Die Bekämpfung der Echten Quecke wird hier deshalb eingehend abgehandelt, die der anderen versteht sich dann von selbst. Das Auftreten und die Bekämpfung des Schilfrohres auf dem Acker wird vorher gesondert besprochen.

Das *Schilfrohr* (Bildtafel 25) ist eine außerordentlich wichtige Kulturpflanze als Lieferant von Rohr zu den verschiedensten Zwecken, als Uferschutzpflanze und nicht zuletzt als Pionierpflanze auf den Schlickböden, die dem Meere abgerungen sind. Es wird dort nach der Entwässerung angesät (aus dem Flugzeug) und etwa drei Jahre angebaut. Es durchport den dichtlagernden Schlick während dieser Zeit derartig, daß der tote Boden der landwirtschaftlichen Kultur zugängig wird. Von dieser zentralen Stellung des Schilfrohres soll hier aber nicht weiter gesprochen werden, sondern nur von seinem Vorkommen als Ackerunkraut und seiner Bekämpfung.

Weit verbreitet ist die Meinung, daß das Schilfrohr auf dem Acker Drainagebedürftigkeit anzeigt. Diese Meinung besteht nicht zurecht. Nur in den seltensten Fällen sind die mit Schilfrohr verunkrauteten Äcker drainagebedürftig. Die Ausläufer oder noch besser die tiefstreichenden Ausläuferwurzeln sind wohl an eine sehr feuchte Bodenschicht gebunden, doch liegen die Ausläufer und die Ausläuferwurzeln und damit die feuchten Schichten oft tiefer als 1 m, und es wäre dann nur zu wünschen, daß die feuchten Schichten flacher anstünden. Keinesfalls sind alle Oderbruchäcker, die verschilft sind, drainagebedürftig. Wir finden Schilf beispielsweise auch auf Niedermoorsanddeckkulturen mit besten Wasserverhältnissen und höchsten Erträgen bei allen Früchten.

Der Schaden, den das Schilfrohr als Ackerunkraut anrichtet, wird meistens überschätzt. Nährstoffe und Feuchtigkeit entnimmt es den tieferen Bodenschichten, und oberirdisch verdrängt es kaum.

Die Bekämpfung ist sehr einfach überall dort, wo man das verschilfte Land in Wechselweide legen kann. Die jungen Triebe des Schilfrohrs sind süß und nahrhaft und werden bis zu einer Höhe von einem Fuß, ehe sich die harten Blätter entfalten, von den weidenden Tieren sehr gern gefressen. Zwei Jahre Weide innerhalb einer 7feldrigen Fruchtfolge bringen das Schilf zum Verschwinden.

In Ackerbaubetrieben ohne Wechselweide gestaltet sich die Bekämpfung sehr viel schwieriger. Bei gutem Ackerbau, beim richtigen Ackerieren, wie die Praktiker sagen, geht das Schilfrohr aber auch dort allmählich zurück, wenn der Acker nicht drainagebedürftig ist.

Die *Echte Quecke* ist eines der schlimmsten ausdauernden Ackerunkräuter. Sie vermehrt sich in erster Linie vegetativ durch Stengelausläufer, die in den oberen Schichten der Ackerkrume verlaufen, über die Erde steigen und dort grüne Triebe treiben, die weitere Ausläufer bilden. Alle Ausläufer bestehen aus mehreren bis vielen Gliedern, an den Knoten sind sie ringsherum fein bewurzelt, an jedem Knoten haben sie ein Niederblatt in abwechselnder Anordnung und in der Achsel jedes Niederblattes eine Knospe. Jede Knospe wächst direkt zu einem Ausläufer aus oder zu einem grünen Trieb, der auch wieder Ausläufer bildet. Ein einziges Knotenstück kann auf diese Weise bei ungestörtem Wachstum in einem Jahr bis 10 qm durchwuchern.

Die Vermehrung durch Samen tritt gegenüber dieser wuchernden vegetativen Vermehrung zurück. Nur im Wintergetreide findet man häufiger reife Queckenähren.

Die Bekämpfung der Quecke ist, wenn man richtig vorgeht, viel leichter, als gewöhnlich angenommen wird. In der Tat gilt bei keinem Unkraut so sehr das alte Bauernwort, „Jeder Landwirt hat soviel Unkraut, wie er verdient". Allerdings ist der humose frische Sand besonders queckenwüchsig, und auf drainagebedürftigen Böden wird auch der beste Landwirt, namentlich in feuchten Gegenden und feuchten Jahren, die Quecke nicht los, und wo mit sehr viel Untersaaten gearbeitet wird, stellen sich auch bei bester

Bewirtschaftung mit der Zeit immer wieder Quecken ein, die es immer wieder zu vernichten gilt.

Daß die Quecke aber darüber hinaus oft noch so verheerend auftritt, liegt daran, daß man bei der Bekämpfung falsch vorgeht, weil man den richtigen Weg nicht kennt. Der falsche Weg ist die oft heute noch propagierte, anscheinend so selbstverständliche aber praktisch nicht durchführbare Bekämpfung durch wiederholtes Beseitigen der oberirdischen Triebe. Zwar geht die Quecke schließlich ein, wenn man sie immer wieder durch Hacken oder durch andere Maßnahmen ihrer assimilierenden Triebe beraubt. Aber dieses Hacken usw. müßte so oft geschehen, nach den vorliegenden Versuchen zehnmal, wenn die Quecke unter der Erde abgehackt wird, zwanzigmal, wenn sie nur oberirdisch entfernt wird, daß es praktisch nicht durchführbar ist. Nur ein blutiger Anfänger bringt Zuckerrüben auf verqueckten Acker in der Hoffnung, daß das sowieso notwendige Hacken die Quecken zerstört. Durch noch so vieles Hacken wird man der Quecke nicht Herr, und die Zuckerrüben kümmern.

Auch das vielgepriesene und vielbetriebene Queckenpucken, Queckensammeln und Queckenabfahren hat keinen Sinn, es sei denn, daß es notwendig wäre, um überhaupt eine Bestellung durchführen zu können. Im Frühjahr und Herbst hilft es nicht, und im Sommer ist es überflüssig. Außerdem nutzt man die bis zu 300 dz/ha betragende organische Queckenmasse nicht, die in ihrer Wirkung einer starken Stallmistdüngung gleichkommen kann. Auch nimmt man den leichten Böden beim Queckenabfahren die feinen Teile, die an den Queckenwurzeln haften und damit den besten Teil ihrer sowieso schon geringen Fruchtbarkeit.

Durch die Untersuchung unserer besten Unkrautforscher sind wir über die wirksamen Bekämpfungsmaßnahmen bestens unterrichtet. Die Bekämpfung kann geschehen:

1. durch Stoppelschälen mit nachfolgendem Heraufgrubbern der beim Schälen abgeschnittenen Queckenrhizome und anschließendem Freieggen; in drei heißen Tagen vertrocknen die Ausläufer,

2. durch tiefes Unterpflügen der Queckenrhizome. Ein 30 cm tiefes sauberes Pflügen mit Vorschäler läßt die Quecke auf schweren Böden nicht wieder durchkommen, auf leichten Böden schädigt eine solche Furche die Quecken zwar schwer, aber erst eine 50 cm tiefe Furche würde sie vernichten,

3. durch Anbau schnellwachsender, schnell- und stark schattender, bald geernteter Kulturpflanzen. Wirksam ist vor allem der Anbau einjähriger Futterpflanzen. Die Quecken müssen mit dem Futter hoch, vergilben und werden erstickt,

4. durch Stickstoffdüngung, die einmal die Saaten zum schnellen Wachstum bringt und dadurch die Quecken zum schnellen Mitwachsen und zur unterirdischen Verausgabung zwingt, die bei der Quecke aber auch direkt zu einer Vernachlässigung der unterirdischen Entwicklung zu Gunsten der oberirdischen führt,

5. durch die Hebung der Bodenkultur, die nicht nur die Kulturpflanzen kampfkräftiger macht, sondern auch ein schnelleres Verderben der Queckenausläufer und Queckensamen im Boden mit sich bringt.

Alle diese Bekämpfungsmaßnahmen müssen möglichst kombiniert angewendet werden. Eine Maßnahme allein genügt nur in Ausnahmefällen. Auch muß diese Bekämpfung möglichst zur Zeit der größten Anfälligkeit der Quecke durchgeführt werden, also nicht im Frühjahr oder Spätherbst, wenn die Ausläufer mit Nährstoffen vollgepfropft und außerordentlich widerstandsfähig, wachstumsfähig und vermehrungsfähig sind, sondern mehr im Hochsommer, wenn die alten Ausläufer erschöpft und die jungen noch nicht erstarkt sind.

Ein Radikalmittel im Kampf gegen die Quecke war früher die Brache. Die vielen Brachbearbeitungen fielen in die Zeit der größten Anfälligkeit der Quecke, die ausgezeichnete Bodenkultur, die die Brache mit sich bringt, tat das übrige, um den Acker vollständig von Quecken zu säubern.

Ein solches Radikalmittel ist heute noch der Hanfbau auf Niedermoor. Bei gutem Stande, d. h. auf grünlandfähigem Boden bei guter Düngung wird der Hanf mit fast jedem Unkraut fertig. Mit seinem schnellen Wachstum, er wächst in gut zwei Monaten bis zu zwei Meter hohen dichten Beständen heran, hält die Quecke nicht Schritt, ja nicht einmal die Distel und der Bitterling. Sie versuchen es zwar, aber in 1,50 m Höhe brechen sie spätestens erschöpft zusammen. Nur die Zaunwinde, die auf Niedermoor häufig vorkommt, sonst mehr nur in Zäunen windet, schlingt sich um den Hanf, benutzt ihn als Stütze und zwingt auch den stärksten Hanf zu Boden. Die Quecke ist schon wegen des Hanfbaues und noch aus anderen Gründen als Ackerunkraut auf Niedermoor unbekannt, obwohl sie dort beste Wachstumsbedingungen vorfindet.

Ein fast vollwertiger Ersatz des Radikalmittels Brache wird, wie *O. Wehsarg* schon vor 50 Jahren prophezeite, jetzt mehr und mehr der Anbau einjähriger Futterpflanzen. Zwar sind diese als Hauptfrucht nicht mehr tragbar, das alte Rezept der Erstickung der Quecken durch ein dichtes Grünfutter ist heute eine bloße Notmaßnahme, die gelegentlich auf einzelnen Schlägen angewandt werden kann. Aber der Zwischenfutterbau mit einjährigen Futterpflanzen nimmt heute in der Landwirtschaft einen so breiten Raum ein, daß er überall dort ein vollwertiger Ersatz der Brache im Kampf gegen die Quecke ist, wo dieser Zwischenfutterbau nicht aus Untersaaten besteht, die wegen ihrer langsamen Anfangsentwicklung und des Fortfallens des Schälens beim Untersaatbau zur Verqueckung führen. Wo der Winterroggenzwischenfutterbau, der Zweitfutterbau und der Stoppelfutterbau einen großen Umfang einnehmen, da kommt die Quecke nicht leicht voran.

Eine geschickte Kombination aller oben geschilderten Einzelmaßnahmen ist beim Kartoffelbau möglich. Die Getreidestoppeln werden sofort geschält, die Queckenausläufer bei passendem heißen Wetter mehrmals herausgegrubbert und freigeeggt, sie vertrocknen weitgehend, dann läßt man den Acker sich ergrünen. Anschließend werden die Quecken mit Vorschäler tief untergepflügt, auch auf leichten Böden erfahren die Queckenrhizome dadurch einen schweren Schlag. Im Winter bei Frost wird Stallmist gefahren und dieser dann im Frühjahr eingepflügt, anschließend eine blattreiche Sorte, die noch dazu mit Stickstoff reichlich versorgt wird, gepflanzt. Bearbeitet wird die Kartoffel normal, es wird normal geigelt und gestriegelt und eben vor dem Schließen gehäufelt. Unter dem sich entwickelnden dichten Blätterdach verkümmern die letzten Queckenschößlinge, vergären die letzten Queckenausläufer im garen Kartoffelacker und dienen noch der Kartoffel als Nahrung.

Am meisten begünstigt wird die Verqueckung heute durch den Getreidebau, insbesondere der späten Arten und Sorten, vor allem wenn man das Schälen unterläßt, dann durch die Untersaaten, bei denen Schälen und Stoppelbearbeitung zwangsläufig unterbleiben müssen und schließlich durch schlechtstehende oder gar mißratene Früchte.

Es ist kein Zufall, daß man in einem Lande wie Dänemark, in dem die Untersaaten eine so große Rolle spielen, ein besonderes Queckenbekämpfungsgerät entwickelt hat, um das man sich kümmern müßte.

Neuerdings gibt es auch Wuchsstoffherbizide wie das Dalapon, das man gegen die Quecken einsetzen kann. Man sollte aber nur im Notfall von solchen und ähnlichen Mitteln Gebrauch machen. Die Hebung der Bodenkultur, der richtige Einsatz der Kulturmaßnahmen ist auf die Dauer gesehen das bessere Mittel, und diese könnten bei Anwendung der neuen chemischen Mittel leicht vernachlässigt, ja sogar vergessen werden, und im Endeffekt würde ein Minus herauskommen.

Die Quecke ist nicht nur ein Ackerunkraut, auf dem Grünland kann sie auch eine Kulturpflanze sein. Auf vielen Jauchewiesen am Hof spielt sie in ganz Deutschland eine nicht unerhebliche Rolle. Sie liefert dort bis zu drei Schnitten eines guten Heus. Auf den Marschweiden wird sie in einiger Menge dort geschätzt, wo großrahmige Kühe fettgegräst werden. Auf Weiden ohne „Ruuch in", d. h. ohne Quecken in der Narbe, nimmt das großrahmige Vieh über 100 kg feinstes Marschweidegras auf, das sie nicht voll verwerten. Will man die Quecke dort zurückdrängen, so wird sie mit Schafen beschlagen. Aber auch auf dem Niedermoor-Anmoor- und den Humussandbodenweiden kommt die Quecke nicht selten vor. Man beachtete sie bisher nicht weiter, sie wurde mit gefressen, über ihre Rolle dabei machte man sich weiter keine Gedanken. In dem heißen Trockenjahr 1959 trat sie aber auf weiten Flächen so stark in den Vordergrund, daß man ihre große Rolle auch auf der Weide nicht mehr übersehen konnte. Der zweite und dritte Aufwuchs in der heißen trockenen Zeit bestand auf weiten Flächen bis zu 50% und mehr aus Quecke. Die Quecke wurde von den Kühen sehr gern gefressen, Rückgänge in der Milchleistung waren dabei nicht festzustellen, die chemische Analyse ergab kaum Qualitätsunterschiede zu den bekannten besten Weidegräsern, der Mineralstoffgehalt lag nicht so hoch wie bei Wiesenschwingel, aber doch so wie bei Timothe. Die bekannten guten Weidegräser wurden auch nur vorübergehend verdrängt, die Wiesenrispe stand unter der Quecke wie eine Untersaat, im Boden hatte sie immer noch mehr Knospen als die Quecke. Das starke Auftreten im heißen Trockenjahr 1959 ist wohl nicht nur auf die große Trockenheit zurückzuführen, sondern auch auf die hohen Temperaturen. Die Quecke wächst zwar im Frühjahr schon bei sehr niederen Temperaturen, aber das Temperaturoptimum für das Wachstum liegt sehr hoch, bei über 30° C. Eine züchterische Bearbeitung der Quecke ist nicht ganz aussichtslos. Aber heute ist sie noch kein vollwertiges Weidegras. Die zunehmende Verqueckung stickstoffgedüngter Niedermoorweiden ist wohl ein Grund mehr, dort zur periodisch erneuerten Weide überzugehen.

Als Futter verwendet wurden früher auch häufig die Queckenrhizome. Die Ausläufer wurden im Frühjahr, wenn sie mit Reservestoffen vollgepfropft sind, und zwar schon im Februar, März, ehe sie treiben, gesammelt, gewaschen, getrocknet und so lange gedroschen, bis kein Staub mehr dran ist. Wer sich dieser mühsamen Arbeit der Reinigung der Queckenausläufer nicht unterziehen will, der lasse auch in Notfällen lieber von der Verfütterung ab, denn den Tieren werden sonst die Zähne stumpf, und sie ver-

weigern nach kürzerer Zeit jegliche Aufnahme. Das Nachlassen der Freßlust gibt sich auch beim Übergang zu besserem Futter erst langsam. An Rindvieh und Pferde fütterte man die Ausläufer mit Stroh, fingerlang gehäckselt. Die Schafe fressen die Ausläufer so wie Heu. Der Futterwert soll dem des Hafers gleichkommen. In Frankreich soll man kranke Pferde mit Queckenausläufern gesund gefüttert haben. In Notzeiten mischte man sie gemahlen dem Mehl bei zur Brotbereitung. In gehäckselter Form benutzte man sie früher auch zur Bierbereitung.
Die Queckenrhizome sind auch offizinell. Wegen ihres Saponin- und Ölgehaltes werden sie als Droge verwendet. Auch zu diesem Zweck werden sie im Frühjahr und Herbst, also in den Zeiten, wo sie mit Reservestoffen vollgepfropft sind, gesammelt und vor der Ablieferung gewaschen und getrocknet.
Daß die anderen queckenartigen Ackerunkräuter leichter zu bekämpfen sind als die echte Quecke, wurde schon betont. Das trifft besonders auf das *Flechtstraußgras* mit den oberirdischen Ausläufern zu. Wird beim Schälen und Pflügen darauf geachtet, daß die grünen, wenig speichernden Ausläufer mit Erde bedeckt sind, dann verschwinden sie, es sei denn, daß der Boden drainagebedürftig ist, dann wird man erst nach der Drainage mit diesen wie auch anderen Unkräutern fertig.
Gelegentlich treten auch *Wiesenrispe* und *Gemeine Rispe* als Ackerunkräuter auf, die Wiesenrispe in der Luzerne und die Gemeine Rispe im Rotklee. Im kleinen Kleebuch, das diesem kleinen Gräserbuch folgen wird, soll näher darauf eingegangen werden.

B. Die Samenunkrautgräser auf dem Ackerlande

Sehr schlimme Ackerunkräuter gehören hierher. Beginnen wir mit einem der schlimmsten, mit dem *Flughafer* (Bildtafel 60), „dem swatten Düwel", wie er auf Fehmarn genannt wird, der selbst in den Gegenden, in denen er geradezu als eine Pest auftritt, auch ohne den Einsatz chemischer Mittel, der bisher nicht möglich ist, da das Wuchsstoffherbizid Dalapon, das gegen Grasunkräuter wirksam sein soll, noch nicht zur Verfügung steht, doch bekämpfbar ist allein durch Anbau- und Bewirtschaftungsmaßnahmen. Das beweisen die vielen wissenschaftlichen Untersuchungen, die über den Flughafer vorliegen, das wird vor allem drastisch vor Augen geführt durch tüchtige Bauern, deren wildhaferfreie Felder sich wie Inseln ausnehmen im weiten Wildhafermeer.
Insbesondere auf besseren, kalkreichen Böden in Trockengegenden mit viel Sommergetreide- und Winterweizenanbau wie z. B. im Oderbruch, in der Altmärkischen Wische und auf der Insel Fehmarn ist er eine Plage, tritt aber auch auf den Muschelkalkböden Thüringens und anderswo stark schädigend auf.
Der Wildhafer keimt vom frühen bis zum späten Frühjahr. Ein Hauptvorkommen ist also in der Sommerung. Sommergerste und Hafer haben sehr unter dem Wildhafer zu leiden und verseuchen den Boden sehr. Aber zur stärksten Verseuchung führt der Sommerweizen. Bei seiner späten Ernte kommen alle Wildhaferpflanzen, die die Bekämpfungsmaßnahmen überstanden haben, zum Absamen auf dem Felde vor der Ernte. Eine Infektion des Bodens mit keimfähigen Unkrautsamen sondergleichen findet statt.

Aber auch die Winterung ist mehr oder weniger stark befallen. Der Befall rührt nicht etwa von den im Herbst gekeimten Unkrautsamen her. Zwar keimt der Wildhafer gelegentlich unter gewissen Witterungsbedingungen auch im Herbst. Aber die herbstgekeimten Pflanzen überstehen den Winter nicht, sie sind nicht winterfest (im Gegensatz zu einer verwandten Art, die in England vorkommt). Der Befall der Winterung kommt bei uns von Samen, die im Frühjahr keimen. Je weniger der Boden im Frühjahr von der Winterung bedeckt ist, je ungestörter somit der Witterungswechsel als Keimreiz auf die Samen im Boden wirken kann, um so mehr keimt der Wildhafer im Frühjahr auch in der Winterung. Spätgesäte und schlecht bestandene Winterung befällt ziemlich stark und die später schossenden stärker als die früher schossenden Wintergetreidearten- und sorten. Im rechtzeitig gesäten, kräftig entwickelten Winterroggen kommt der Wildhafer nur als Unterpflanze vor, aber selbst diese Unterpflanzen können den Boden noch beträchtlich mit Samen anreichern, wenn ihr Fruchten nicht durch rechtzeitiges Stoppelschälen unterbunden wird.

Das dritte Hauptvorkommen ist die Hackfrucht. Sowohl Kartoffeln wie Rüben und Mais werden stark befallen, auch schon in der Zeit vor der Bestellung, wenn man das Saatbett nicht besonders vorbereitet.

Nicht zum Absamen kommt der Wildhafer auf den Futterschlägen, also in Klee, Luzerne und im Landsberger Gemenge.

Im Kampf gegen den Wildhafer ist am wichtigsten neben dem Stoppelschälen und der Beachtung der Fruchtfolge, die Behandlung der Hackfrucht. Schon vor der Bestellung muß man aufpassen. Der nach dem Abschleppen im Frühjahr oft bürstendicht auflaufende Wildhafer kann nicht durch bloßes Eggen beseitigt werden. Die aus Tiefen bis zu 7 cm noch auflaufenden Keimpflanzen entgehen größtenteils den Eggenzinken. Sie müssen abgeschnitten werden. Früher benutzte man dazu die Hackmaschine oder den Schälpflug ohne Streichblech. Die Wirkung dieser beiden Geräte blieb aber mangelhaft. Heute setzt man mit bestem Erfolg das Stollsche Vielfachgerät ein, ausgerüstet mit Gänsefußmessern, die nach jeder Seite einige cm übergreifen. Beim zweimaligen Einsatz dieses exstirpatorähnlichen Gerätes vor der Hackfruchtbestellung werden fast alle aufgelaufenen Wildhaferpflanzen zerstört. Nach dem Abschleppen wird das Gerät zunächst etwa 5 cm tief eingesetzt und anschließend wird abgeeggt. Später wird es dann kurz vor der Bestellung noch einmal 2 cm tief eingesetzt und anschließend wird wieder abgeeggt. Die wenigen Wildhaferpflanzen, die diese Prozedur überstehen und diejenigen, die später auflaufen, werden dann durch das Igeln und Striegeln und Häufeln in der Kartoffel, durch das Hacken in den Rüben, durch das Striegeln und Hacken des Maises beseitigt. Man kann bei Rüben, Mais und Kartoffeln auch den Kalkstickstoff einsetzen, bei Rüben und Mais 10 Tage vor der Saat, bei Kartoffeln vor dem Auflaufen der Kartoffeln (über die Kalkstickstoffwirkung siehe im nächsten Abschnitt unter Windhalm).

Am durchschlagendsten wirkt zweimal Hackfrucht nacheinander bei der beschriebenen Bekämpfung. Das liegt nicht nur daran, daß bei den vielen Bodenbewegungen in den zwei Jahren fast alle Teile der Ackerkrume einmal nach oben kommen und so alle im Boden ruhenden Unkrautsamen auflaufen und nach dem Auflaufen vor dem Absamen zerstört werden, sondern auch daran, daß der Boden durch den zweimaligen Hackfruchtbau so gar, so tätig wird, daß die Unkrautsamen im Boden selbst mehr und mehr durch die Bakterien und Pilze zerstört werden. In England hat man festgestellt, daß in

den leys, d. h. in den in Kleegras gelegten Flächen, wenn diese erst nach 5 Jahren wieder zu Acker umgebrochen wurden, kein keimfähiger Same mehr vorhanden war.
Selbstverständlich muß man auf der Hut sein, daß der Wildhafer sich nicht doch wieder einstellt. Das kann einmal von nassen Stellen her geschehen, die man erst nach der Drainage in Gare bekommt. Eine Neuinfektion erfolgt besonders häufig auch vom unsauberen Nachbarfeld – der Wildhafer heißt ja auch Flughafer und kann trotz der Größe des Samens recht weit vom Winde transportiert werden – durch schlecht vergorenen Stallmist und durch unreines Saatgut. Der Wildhafer ist ebenso wie der Kulturhafer in der Regel Selbstbefruchter, es kommen aber doch Fremdbefruchtungen vor und Bastardierungen mit dem Kulturhafer. Nicht nur auf reines Saatgut, sondern auch auf Saatgut von reinen Feldern ist also streng zu achten.

Der *Windhalm* (Bildtafel 59) ist ein Unkraut, das im Gegensatz zum Wildhafer hauptsächlich auf leichten Böden vorkommt und hauptsächlich in der Winterung und nie in der Hackfrucht. Er ist nicht durch Bewirtschaftungsmaßnahmen allein, sondern bei starkem Wintergetreidebau nur über den zusätzlichen Einsatz von Kalkstickstoff zu bekämpfen.
Nicht schwierig ist seine Bekämpfung auf besseren Böden; denn einmal gehen die Samen auf besseren Böden schon in längstens zwei Jahren zugrunde, ferner keimt er dort auch schlecht, weil der feine Same gegen Bodenverkrustung sehr empfindlich ist. Schwierig wird die Bekämpfung aber auf leichteren Böden, wo viel Winterung und überhaupt Getreide angebaut wird.
Die Hauptkeimzeit des Windhalms ist fast ausschließlich im Herbst. Sehr viel seltener ist das Auftreten im Sommergetreide. Sehr früh gesätes Sommergetreide befällt allerdings oft auch stärker mit Windhalm, im Herbst gekeimter, im Frühjahr durch die Bodenbearbeitung nicht zerstörter Windhalmsame wächst hier mit auf. Daneben kann der Windhalm auch eine zweite Keimzeit im frühen Frühjahr haben. Im späteren Sommergetreide fehlt er dagegen gänzlich und ebenso in der Hackfrucht. Nicht selten fliegt Windhalm im Klee an, der aber bei dem ersten Schnitt vor dem Absamen geschnitten wird.

In leichteren Gegenden mit starkem Winterroggen- und überhaupt starkem Getreidebau wird man des Windhalms nur Herr, wenn man die Kalkstickstoffdüngung sachgemäß einsetzt. Die unkrautvertilgende Wirkung des Kalkstickstoffs beruht darauf, daß sich aus der Stickstoffkomponente des Kalkstickstoffs, dem Calciumcyanamid in frischen tätigen Böden nach einigen Tagen in der oberen Bodenschicht das giftige Cyanamid bildet, das die in der oberen Bodenschicht gekeimten oder wurzelnden jungen Unkräuter zerstört. Diese giftige Cyanamidphase dauert etwa eine Woche an. Dann wird das giftige Cyanamid in frischen tätigen Böden weiter umgewandelt in ungiftige, düngende Stickstofformen.
Der Kalkstickstoff kann im Herbst, im Winter oder im zeitigen Frühjahr verabreicht werden. Bei der Herbstanwendung muß der flachwurzelnde Roggen das 4. bis 6. Blatt, der Weizen und die Gerste müssen das 3. bis 4. Blatt entwickelt haben, sonst sind Beschädigungen der Saaten zu befürchten; der Windhalm darf noch nicht über das kleine Büschelstadium hinaus sein, also außer der Keimscheide höchstens drei Blätter getrieben haben, sonst ist er schon zu widerstandsfähig. Gestreut werden 150—200 kg/ha

Kalkstickstoff bei trockenem Wetter auf trockene Pflanzen und mäßig feuchten Boden. Auch das Wetter nach dem Streuen ist von ausschlaggebender Bedeutung für die Wirkung. Regentage beeinträchtigen die Wirkung, weil das sich bildende Cyanamid dann leicht in die Tiefe wandert, statt das Unkraut in den oberen Bodenschichten zu töten. Frost und Schnee dürfen aber auch nicht folgen, da die Getreidepflanzen beim Übergang in die Winterruhe ebenso wie im Frühjahr bei Erwachen der Vegetation besonders empfindlich sind. Die Herbstbekämpfung kommt also nur bei frühgesäter Winterung in Betracht, ist aber außerordentlich wirksam.

Schafft man die Bekämpfung nicht im Herbst, so muß man den Winter abwarten. Zur Zeit der Vegetationsruhe sind die Getreidepflanzen wenig anfällig. Man streue im Januar, Februar auf trockene, gesunde, kräftige Bestände, auf schneefreien Boden bei nicht zu strengem Frost bei beständigem Wetter ohne allzu große Schwankungen zwischen Tages- und Nachttemperaturen.

Bei verspäteter Saat kann man die Windhalmbekämpfung mit Kalkstickstoff auch im Frühjahr vornehmen. Man muß dann abwarten, bis die Winterung aus der Winterruhe erwacht ist und damit nicht so anfällig ist wie beim Übergang in die Zeit des Wachstums. Man gibt den Kalkstickstoff auf die gut überwinterten, gekräftigten, trockenen Saaten bei offenem Wetter und frostfreiem Boden. Schwach entwickelten Saaten wird man zur Stärkung meist eine kleine Kopfdüngung mit einem schnell wirkenden Stickstoffdüngemittel verabfolgen und dann erst nach der eingetretenen Kräftigung der Bestände mit der Kalkstickstoffgabe folgen.

Trotz sachgemäßer Kalkstickstoffdüngung wird man aber in Gegenden mit viel Winterung der Windhalmplage nicht Herr werden, wenn nicht die Neuinfektion von den Nachbarfeldern und vom Ackerrain unterbunden wird. Der Windhalmsame hat einen hohen Flugkoeffizienten, d. h. das Verhältnis von Oberfläche in qcm zum Gewicht in g ist sehr groß, nämlich 45. Schon bei gewöhnlichen Winden wird er über 100 m fortgetragen, bei Sturm fliegt er kilometerweit. Kein Wunder, daß es in verseuchten Gegenden auch auf reinen Feldern in feuchten Herbsten, in denen die licht- und nässebedürftigen kleinen Windhalmsamen günstige Keimbedingungen finden, zu ausgesprochenen Windhalmjahren kommt, namentlich wo die Winterung nach Kartoffeln steht, und zur Bestellung nicht gepflügt, sondern nur gegrubbert wurde. Rechtzeitiges Mähen der Ackerraine und gemeinsames Vorgehen bei der direkten Bekämpfung sind die Voraussetzung für den dauernden Erfolg.

Das *Ackerruchgras* (Bildtafel 6/7) ist noch mehr als der Windhalm auf die leichteren Böden beschränkt, kommt aber im Gegensatz zum Windhalm auch in der Sommerung und in der Hackfrucht reichlich vor.

Wenn das Ackerruchgras auch keine Keimruhe hat und zu jeder Zeit keimen kann, so hat es doch zwei ausgesprochene Keimzeiten. Die eine Hauptkeimzeit liegt im frühen Herbst, in den Monaten September und Oktober, im November läuft nur noch wenig Ackerruchgras auf, die andere Hauptkeimzeit fällt in das späte Frühjahr, in die Monate April, Mai und Juni. Das Hauptvorkommen ist dementsprechend in dem Winterroggen, das zweite Vorkommen in der Hackfrucht und im Sommergetreide. Im Winterroggen samt das Ackerruchgras vor der Ernte ab. Im Sommergetreide werden die Samen größtenteils mit eingeerntet. Im Winterroggen auf leichten Böden in geringer Kultur

steht das Ackerruchgras oft rasig dicht, die Bauern nennen es „Seißendüwel", weil die Sense beim Mähen schnell stumpf wird.
Die Bekämpfung ist sehr schwierig, da auf den leichten Böden der Winterroggenbau einen so großen Umfang einnimmt und einnehmen muß.
Im Winterroggen kann man mit dem Einsatz des Kalkstickstoffs, der beim Windhalm beschrieben wurde, gute Erfolge erzielen. Nach neueren Versuchen des Rostocker Instituts für Acker- und Pflanzenbau hat sich die Novembergabe besonders bewährt. Es wurden 80% der Unkrautpflanzen durch die Gabe von 1,5 dz/ha Kalkstickstoff vernichtet. Diese Bekämpfung vor Winter ist natürlich nur möglich, wenn der Roggen termingerecht um den 1. Oktober herum bestellt ist. Bei später Saat, die manchmal vorgezogen wird, weil dann weniger Ackerruchgras aufläuft, muß man die Kalkstickstoffdüngung auf die Wintermonate Januar, Februar oder auf das Frühjahr, auf den März verschieben. Dann bedarf es aber, weil das Ackerruchgras aus dem empfindlichen Keimblattstadium heraus und in das kleine oder sogar in das große Büschelstadium eingetreten ist, größerer Gaben, die auf diesen leichten Böden ökonomisch kaum vertretbar sind.
Bei termingerechter Bestellung im Herbst wird vom Rostocker Institut auch ein Striegeln im Frühjahr, das beim Roggen sonst im allgemeinen nicht üblich ist, empfohlen. Sehr wirksam ist auch das Stoppelschälen. Einmal werden die auf dem Boden liegenden noch nicht verfestigten Samen mit Erde bedeckt und in diesem nicht verfestigten Zustand leicht ein Opfer der Pilze und Bakterien, zum anderen laufen viele auf und werden vernichtet, ehe sie zur Samenbildung kommen.
Besonders bewährt hat sich auch die Einsaat von Serradella in den Roggen. Der in dem Roggen zur Reife kommende und auf den Boden fallende Unkrautsame keimt fast restlos unter der schützenden Serradelladecke und wird beim Umpflügen der Serradella vor der Samenbildung zerstört.
Vermeiden sollte man möglichst zweimal Winterroggen hintereinander, anstreben dagegen zweimal hintereinander Früchte, in denen das Ruchgras nicht zur Reife kommt. Durch Aufkalkung auf ph 5,5 und durch Humuszufuhr sollte man die Gärtätigkeit des Bodens zu heben versuchen.
Zu einer Befreiung von der Ackerruchgrasplage kommt man aber nur, wenn man außerdem den Stallmist richtig behandelt. Durch unreifen Stallmist wird sonst immer wieder keimfähiger Samen zugeführt. Am besten ist es, die Druschabfälle kommen in den Kompost und damit auf das Grünland, wo das Ackerruchgras sich nicht hält. Da die borstigen, zweigrannigen Ruchgrassamen sich überall anhängen, ist überhaupt für Sauberkeit auf dem Hofe zu sorgen. Auch das Saatgut enthält manchmal Ruchgrassamen, wie es ja seinerzeit vor etwa einem Jahrhundert aus dem Mittelmeergebiet über das Saatgut zu uns eingeschleppt ist.
Weit verbreitet wird der Ruchgrassame auch durch den Wind. *O. Wehsarg* hat, man möchte fast sagen, dramatisch geschildert, wie die hygroskopischen Borsten und Grannen beim Austrocknen die Samen zum Hüpfen bringen und wie die hüpfenden Samen vom Winde erfaßt und fortgetragen werden.

Der *Ackerfuchsschwanz* (Bildtafel 61) kommt auf den schweren Böden in klimatisch feuchteren Gegenden vor, so in weiten Marschgebieten und auf den schweren Böden in

Baden und Württemberg. Im Oderbruch, in der Altmärkischen Wische und in anderen Gebieten mit schweren Böden aber trockenem Klima, wo der Wildhafer die größte Plage der Landwirte ist, fehlt er völlig. Er ist ebenso schwer zu bekämpfen wie der Flughafer, da er aber in unserer Republik nicht sehr häufig ist und ich in den letzten 15 Jahren keine Gelegenheit hatte, sein Auftreten und seine Bekämpfung im Westen Deutschlands zu verfolgen, so möchte ich mich sehr kurz fassen und auf die neueren Untersuchungen von *B. Rademacher* und seiner Mitarbeiter verweisen.
Die Hauptkeimzeit liegt im Herbst. Das Hauptvorkommen ist dementsprechend in der Winterung, also bei seinen großen Bodenansprüchen vornehmlich in Winterraps, Wintergerste und Winterweizen. Eine zweite Keimzeit liegt im Spätfrühjahr. Rüben und Kartoffeln können stark befallen sein. In den Hackfrüchten bleiben die Pflanzen zwar klein, aber sie bestocken sich stark und können noch reichlich Samen erzeugen, mehrere hundert je Pflanze. Im frühen Frühjahr keimen weniger Pflanzen. Die Sommerung wird deshalb weniger befallen, besonders stark nur die Ackerbohnen, die zur zweiten Keimzeit des Ackerfuchsschwanzes noch nicht schließen.
Die Samen des Ackerfuchsschwanzes fallen meist auf dem Felde aus. Eingeerntet werden sie in beträchtlicher Menge nur beim Samenbau von Gräsern, deren Reife vor der Getreideernte liegt und beim Raps. Da der Ackerfuchsschwanzsame sich aus den großsamigen Gräsern, den Weidelgräsern, den Schwingel- und Hafergräsern nicht herausreinigen läßt, ist er dort ein Aberkennungsunkraut.
Empfohlen wird die Kalkstickstoffdüngung im Herbst beim Spitzen des Winterweizens, das Blindeggen bei der Wintergerste und die Kalkstickstoffdüngung im Frühjahr 10 Tage vor Aussaat der Rüben und des Maises und vor dem Auflaufen der Kartoffeln. Wieweit das Wuchsstoffherbizid Dalapon eingesetzt werden kann, das gegen Gräser wirksam ist, muß in den nächsten Jahren überprüft werden. Vielleicht läßt sich auch der Exstirpator bei der Saatbettvorbereitung zu Hackfrüchten ähnlich wie gegen den Flughafer einsetzen.
Voraussetzung der Bekämpfung ist die Schaffung garer Äcker. Drainagebedürftige Böden wird man vom Ackerfuchsschwanz nicht säubern können.
Der Samenanflug von fremden Feldern oder von Ackerrändern spielt beim Ackerfuchsschwanz keine große Rolle. Die Neuinfektion über den Stallmist ist nur dort zu befürchten, wo Rapsabfälle in den Stallmist kommen.
Von den *Hirseunkräutern* sind die *Grüne* und die *Gelbe Borstenhirse* (Bildtafel 18/19) und die *Faden-* und die *Blut-Fingerhirse* (Bildtafel 15/16) nicht sehr gefährlich. Sie keimen alle im Spätfrühjahr, von Ende März bis Ende Juli, die Blut-Fingerhirse nur bis Mitte Juni, kommen auf leichteren Böden vor, die Gelbe Borstenhirse auch auf etwas besseren und die Blut-Fingerhirse hauptsächlich auf frischem Sand. Das Hauptvorkommen ist in der Hackfrucht, bei der Blut-Fingerhirse meist nur — da alles was nach Mitte Juni keimt, also nach der letzten Bearbeitung der Spätkartoffeln keine Kraft mehr hat — in frühen Hackfrüchten. Ein weiteres Vorkommen ist als Unterpflanze im Getreide. Wenn man nach der Verbreitung, die die kleinen Hirsen manchmal auf den Stoppelfeldern haben und auch in den Hackfruchtschlägen, die bisweilen von ihnen filzartig überzogen sind, schließen wollte, müßte man sie zu den schlimmsten Unkräutern rechnen. Aber sie lassen sich relativ leicht bekämpfen, sie werden nur bei lässiger Wirtschaftsführung gefährlich. Werden die Stoppeln rechtzeitig geschält, wird der Acker

durch Kalkdüngung und Humuszufuhr in Gare gehalten und die Pflege der Hackfrüchte ordnungsgemäß durchgeführt, so treten sie nicht schädigend auf, und leicht lassen sie sich auch durch diese Maßnahmen beseitigen, wenn sie sich einmal eingenistet haben.

Ähnlich ist es aber auch mit der *Hühnerhirse* (Bildtafel 19), dieser größten, massenwüchsigsten aller heimischen Ackerunkrauthirsen. Sie tritt auf frischen, humosen, sandigen und lehmigen, auch im guten Kalkzustande befindlichen Böden insbesondere in der Hackfrucht auf. Sie bringt eine Unmasse Samen und breitet sich bei lässiger Wirtschaft sehr schnell aus. Sorglosigkeit wirkt sich hier verheerend aus. Jeder hat so viel Hühnerhirse, wie er verdient.

Eine aus der Wildform hervorgegangene Kulturform ist die Japanische Hirse, eine der wüchsigsten Futterpflanzen, die es überhaupt gibt, sie wird bis über 2 m hoch. Alle Hirsen werden übrigens gern gefressen, auch die Samen insbesondere von den Vögeln des Himmels und vom Geflügel.

Erwähnt seien zum Abschluß nur die *Roggentrespe* (Bildtafel 35), der *Taumellolch* und der *Leinlolch.* Sie gehörten früher zu den schlimmsten Ackerunkräutern, sind aber heute mit der verbesserten Saatgutreinigung so gut wie verschwunden. Sie streuen ihre Samen kaum vor der Ernte aus, kommen also auf dem Acker nur vor, wenn sie mit dem Saatgut wieder ausgesät werden. Sie sind ebenso einseitig wie etwa die Kornrade auf die Vermehrung über das Saatgut angepaßt und darauf angewiesen. Im Boden ruhende Samen gehen bald zugrunde.

Die Roggentrespe kennen wir heute hauptsächlich nur noch als Futterpflanze in der Bernburger Züchtung, die Körner des Taumellolchs und auch des Leinlolchs sind giftig. Sie sind vielfach mit einem Pilz befallen, ein dichtes Geflecht von Pilzhyphen zieht sich zwischen Nuzellargewebe und Aleuronschicht. Die Giftigkeit der Samen soll damit zusammenhängen. Beim *Taumellolch* und *Leinlolch* sind die Hüllspelzen im Gegensatz zu unseren *Weidelgräsern* (Bildtafel 43 und 45) nicht nur halb oder zwei Drittel, sondern ebenso lang wie das ganze Ährchen, der Taumellolch ist meist begrannt, der Leinlolch nur teilweise, er soll aus dem Taumellolch hervorgegangen sein. An den Blättern lassen sie sich vom Welschen Weidelgras nicht unterscheiden. Die einjährigen Abarten des Welschen Weidelgrases, das Westerwoldische Weidelgras und auch das Bernburger Weidelgras und schließlich auch das Bastard-Weidelgras lassen sich übrigens, wie an dieser besonders auffälligen Stelle am Schlusse des kleinen Gräserbuchs nachgeholt werden soll, auch blütenlos vom Welschen Weidelgras nicht unterscheiden, ja sogar auch im blühenden Zustande kaum. Die Unterschiede liegen im Entwicklungsrhythmus, in der Winterhärte und in der Ausdauer.

Anhang

ÜBER DIE ERKENNUNG, DEN ZEIGERWERT UND DIE BEKÄMPFUNG DER LANDWIRTSCHAFTLICH WICHTIGSTEN BINSEN, SAUERGRÄSER (SIMSEN, WOLLGRÄSER, SEGGEN) UND SCHACHTELHALME

I. Die landwirtschaftlich wichtigsten Binsen (einschließlich Hainbinsen)

Wenn von Binsen die Rede ist, denkt der praktische Landwirt an die beiden Horstunkräuter des Grünlandes mit den röhrigen Binsenstengeln und -blättern. Es sind das die *Flatterbinse* und die *Knäuelbinse*, die im Blütenzustande auffällig dadurch voneinander unterschieden sind, daß sie flattrige bzw. knäuelige Blütenstände haben. Die Blütenstände sind dem Augenschein nach seitenständig, bei näherer Untersuchung erweisen sie sich aber als endständig. Sie sitzen am Ende eines Blütenstandsstengels, der sich nur scheinbar fortsetzt; die Scheinfortsetzung besteht aus dem hochgerichteten röhrigen stengelähnlichen Binsenblatt unterhalb des Blütenstandes. In der Tat gehören diese beiden Horstbinsen in manchen Gegenden zu den schlimmsten Unkräutern des Grünlandes. Wenn sie auch nicht wie der Sumpfschachtelhalm giftig sind, so haben sie doch einen noch schlechteren Futterwert als die Sauergräser. Sie werden im allgemeinen von allen Tieren verschmäht, und stark verbinstes Grünland hat nur den Wert von Hutungen bzw. Streuewiesen.

Diese zusätzlichen Ausführungen über die Binsen hier im Anhang werden im Grunde nur gemacht, um die Bekämpfung der beiden Horstbinsen, die Verbesserung des Pflanzenbestandes auf den Binsenstandorten und die Verhinderung der Neuverbinsung an einer auffälligen Stelle eindringlich abzuhandeln. Die Andeutung über die auf landwirtschaftlich genutzten Flächen sonst noch häufiger vorkommenden Binsen werden vorausgeschickt zur Vermeidung von Mißverständnissen. Wer diese Vorbemerkungen beim Studium nicht überschlägt, wird finden, daß eine gewisse Beschäftigung auch mit den anderen Binsen sich lohnt.

Die Binsen und die Hainbinsen stehen den Liliengewächsen sehr nahe. Sie haben wie diese 6, allerdings nur spelzenförmige und meist nur grüne, nicht bunte Blütenhüllblätter, aber immerhin im Gegensatz zu den Gräsern, Wollgräsern, Simsen und Seggen noch 6 ausgesprochene Blütenhüllblätter (siehe Instruktionstafel S. 135). Die Frucht ist bei den Binsen eine *vielsamige* 1 bis 3fächerige Kapsel, bei den Hainbinsen eine nur *dreisamige* 1fächerige Kapsel.

Nicht alle Binsen haben wie unsere beiden Horstbinsen röhrig geschlossene Binsenblätter. Viele haben offene, flache, grasartige Blätter. Wir beginnen mit diesen *Grasblättrigen.* Von den Binsenblättrigen haben im Gegensatz zu unseren beiden Horstbinsen viele knotige Binsenblätter, d. h. die röhrigen Blätter sind durch starke Querwände gegliedert. Als *Knotenblättrige* lassen wir diese auf die Grasblättrigen folgen. Den Abschluß bilden dann, zusammen mit einigen anderen Binsen, unsere beiden Horstbinsen, die *Binsenblättrigen* im engeren Sinne des Wortes, diese haben also knotenlose Binsenblätter.

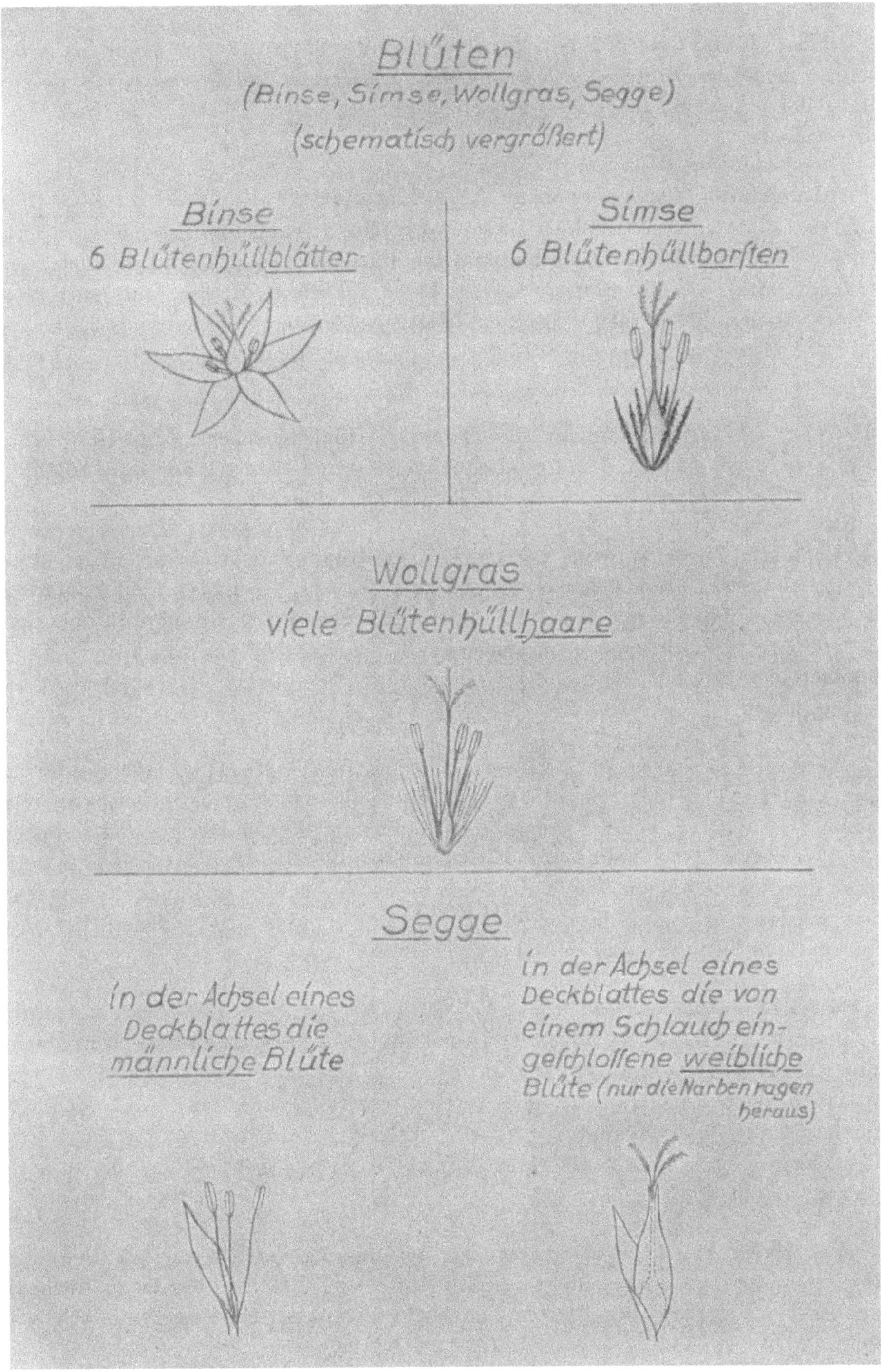
Blüten
(Binse, Simse, Wollgras, Segge)
(schematisch vergrößert)
Binse
6 Blütenhüllblätter
Simse
6 Blütenhüllborſten
Wollgras
viele Blütenhüllhaare
Segge
in der Achsel eines Deckblattes die männliche Blüte
in der Achsel eines Deckblattes die von einem Schlauch ein-geſchloſſene weibliche Blüte (nur die Narben ragen heraus)

A. Grasblättrige

1. **Salzbinse** (*Júncus Gerárdi Lois.*). Mit kriechender Grundachse. Höhe bei gutem Standort bis 50 cm. Blüte Juni. Von angenehmem Geruch und Geschmack. Vom Vieh grün und trocken mit Begierde gefressen. Eines der besten „Gräser" der Salzwiesen und -weiden.

2. **Platthalmbinse** (*Júncus comprêssus Jacq.*). Mit kriechender Grundachse. Höhe bis 50 cm. Blüte Juni. In dunklen Rasen auf feuchten Wald- und Wiesenwegen recht häufig. Wird meist für ein Gras gehalten. Ohne Futterwert, wird auch kaum gefressen. Verwandt mit J. Gerardi. Blattspreiten nicht so sukkulent, derber, unterseits nicht so glatt, sondern mehr rillig eingefallen. Blütenhüllblätter viel kürzer als die Kapsel und nicht fast so lang wie diese. Halme besonders am Grunde abgeplattet und nicht rund.

3. **Heidebinse** (*Júncus squarrósus L.*). Horstig. Höhe bis über 50 cm. Blüte Juni. Mit starren, bogig abstehenden, linealisch rinnigen grundständigen Blättern. Häufig in der Heide. Zeigt dort frischfeuchten grünlandfähigen Boden an.

4. **Krötenbinse** (*Júncus bufónius L.*). Einjährig. Büschelig. Höhe bis 50 cm. Blüte Juni. Spreiten sehr schmal, borstenförmig, aber grasartig, nicht röhrigbinsenblättrig. Schmierekeimer. In Fahrgeleisen schon auf trockeneren Böden. Gewöhnlich aber doch auf verdichteten feucht-nassen, drainagebedürftigen Äckern. Auf dem Grünlande oft Vorläufer unserer beiden Horstbinsen. Der Landwirt sollte ihre Hinweise nicht unbeachtet lassen.

5. **Zarte Binse** (*Júncus mácer S. F. Gray, J. ténuis Wild.*). Horstig. Höhe bis 50 cm. Blüte Juni. Diese zierliche Horstbinse mit den zarten zuerst gelbgrünen später gelbbraunen Grasblättern, von denen zwei den Blütenstand weit überragen und einfassen, ist erst vor etwa 100 Jahren bei uns aus Nordamerika eingewandert und findet sich heute schon sehr häufig an Wegrändern und an frisch-feuchten und auch etwas nassen Plätzen. Ist dort sehr auffällig und wird nur deshalb erwähnt, tritt auf landwirtschaftlich genutzten Flächen kaum einmal auf.

6. **Feld-Hainbinse** (*Lúzula campêstris (L.) DC.*). Formenreich. Die Abart *v. vulgáris* mit kurzen Ausläufern. Höhe nur 15 cm. Blüte schon März. Auf frischem Magergrünland sehr häufig, dort Magerkeitsanzeiger. Auf trockenem Grasland noch häufiger, dort Trockenheitsanzeiger. Unter dem Namen Swattkopp oder Hasenbrot oder auch Feldmarbel allgemein bekannt. Die Abart *v. multiflóra* mit mehr Blüten in einem Kopf und mehr Köpfen in einem Blütenstand, mehr horstig, Höhe bis über 50 cm, mehr an feuchteren Stellen.

Die *Hainbinsen* haben im Gegensatz zu den *Binsen* geschlossene Blattscheiden. Die Blattspreiten sind insbesondere am Rande mit langen Haaren besetzt (bei *vulgaris* mehr als bei *multiflora*), die Blattspreitenspitze ist bei der Feld-Hainbinse schwielig stumpf.

B. **Knotenblättrige** (Binsenblättrige mit Knoten)

Die Blätter, die grundständigen wie die stengelständigen sind stielrund oder zusammengepreßt, aber immer röhrig, die Markhöhlungen im Inneren sind durch derbe Querwände unterbrochen, die sich beim Abtasten immer durchfühlen lassen und beim Trocknen schon äußerlich sichtbar werden.

7. **Stumpfblütige Binse** (*Júncus subnodulósus Schrank*, *J. obtusiflórus Ehrh.*). Mit dicker liegender Grundachse. Höhe bis über 1 m. Blüte Juli/August. Eine große dunkelgrüne Ausläuferbinse mit knotig gegliederten stielrunden grundständigen Blättern und 1 bis 2 knotigen Stengelblättern. Typisch auf nassen, wasserzügigen Wiesen. (Die Blütenhüllblätter sind stumpf.)

8. **Spitzblütige Binse** (*Júncus acutiflórus Ehrh.*). Mit kräftiger kriechender Grundachse. Höhe bis 1 m. Blüte Juli/August. Eine große Ausläuferbinse mit am Grunde etwas zusammengedrückten knotig gegliederten Grundblättern und 2—3 knotigen Stengelblättern. Auf nassen, armen, sumpfigen Wiesen. (Die Blütenhüllblätter sind spitz.)

9. **Glanzfrüchtige Binse** (*Júncus árticulátus L.*, *J. lámpocárpus Ehrh.*). Lockerrasig durch kurze Ausläufer. Höhe bis 50 cm. Blüte Juli/August. Eine mittelgroße Ausläuferbinse mit am Grunde ein wenig zusammengedrückten knotig gegliederten Grundblättern und mehreren knotig gegliederten Stengelblättern. In den Achseln der Stengelblätter Knospen, die zu Blattbüscheln auswachsen, was namentlich im Spätsommer nach dem Fruchten geschieht; die Stengel legen sich dann zu Boden. Auf feuchtnassem Grünland nicht selten, auch auf dem Salzgrünland der Ostseebodden.

C. **Binsenblättrige** (ohne Knoten)

10. **Fadenbinse** (*Júncus filifórmis L.*). Mit kriechender Grundachse. Höhe bis 50 cm. Blüte Juni/Juli. Sehr feinstengelig (nur 1 mm stark, und nicht 3 mm). Blütenstand, meist nur drei bis vier Blüten, sehr niedrig angesetzt, scheinbar aus der Mitte des Stengels. Stellenweise häufiger auf armen feuchtnassen beweideten Wiesen. Ohne große Bedeutung.

11. **Blaue Binse** (*Júncus inflēxus L.*, *J. glaúcus Ehrh.*). In dichten bültigen Horsten. Höhe bis 60 cm. Stengel und Grundblätter gerillt, matt mit gefächertem Mark, aber ohne knotige Querwände. Glänzende, schwarzbraune Schuppenblätter am Grunde. An quelligen, mehr lehmigen Stellen, liebt Kalk, nicht häufig.

12. **Flatterbinse** (*Júncus effúsus L.*). In dichten bültigen Horsten. Höhe bis 75 cm. Blüte Juni/Juli. Stengel und Grundblätter glatt oder gestreift, glänzend, mit ununterbrochenem Mark. Matte, hellgelbe Schuppenblätter am Grunde. Die häufigste unserer Bültbinsen. Über die Bekämpfung und den Standort anschließend an 13.

13. **Knäuelbinse** (*Júncus cónglomerátus L.*). In dichten Horsten. Höhe bis 60 cm. Blüte Mai/Juni. Stengel und Grundblätter deutlich gerieft, matt, mit ununterbrochenem Mark. Matte rotbraune Schuppenblätter am Grunde. Die Knäuelbinse ist neben der Flatterbinse die häufigste unserer Horstbinsen, mehr auf ärmeren Böden. Weiteres über die Bekämpfung und den Standort anschließend.

Zweifellos lassen sich unsere beiden häufigsten Bültbinsen: *die Flatterbinse* und die *Knäuelbinse* (nicht dagegen die sehr seltene Blaue Binse und auch nicht die recht häufige ausläufertreibende Glanzfrüchtige Binse) durch Wuchsstoffherbizide radikal und schlagartig beseitigen. Bewährt haben sich seit Jahren in vielen Ländern MCPA Präparate (also bei uns Herbicid Leuna M) und noch besser 2,4-D Präparate (also bei uns Spritzhormit). Gespritzt werden 4 kg/ha Spritzhormit in 600 l/ha Wasser gelöst auf die kniehohen Binsen um den 1. Juni herum, möglichst bei gutem Wuchswetter ohne Niederschläge. Die Binsen müssen mindestens kniehoch sein und die Wassermenge muß mindestens 400 l/ha, besser 600 l/ha betragen, weil die Spritzlösung sonst nicht genügend haften bleibt und benetzt. Wenn man die Binsen dann noch 14 Tage nach der Behandlung mit Wuchsstoffherbiziden mäht, dann verschwinden sie vollständig, auch die Grundachsenteile vermorschen allmählich.
Mit dieser *radikalen Beseitigung der Binsen* durch Anwendung von Wuchsstoffherbiziden ist es aber nicht getan, man muß Folgemaßnahmen durchführen zur Schaffung von *wüchsigen wertvollen Pflanzenbeständen* auf den ehemaligen Binsenstandorten und weitere zur Verhütung einer *Neuverbinsung.*
Auf allen zu nassen Standorten ist die Entwässerung die Voraussetzung der Schaffung von wertvollem Grünland. Wo die Binsen typisch für Druckwassergrünland sind, genügt oft schon die Anlage eines Fanggrabens; auf sonst zu nassen Flächen genügt oft schon die bessere Instandhaltung der Binnengräben, da Binsen ausgesprochen nasse Lagen meiden. Auf allen diesen zu nassen Binsenstandorten darf man die Wuchsstoffherbizide erst nach der Entwässerung einsetzen. Die Folgemaßnahmen zur Schaffung wertvollen Grünlandes gestalten sich dann ähnlich wie auf den vielen weiteren Binsenstandorten, die sowieso schon geregelte Wasserverhältnisse aufweisen.
Herrschen *wertvolle Kulturgräser* im Pflanzenbestande neben den Binsen vor, was nicht selten der Fall ist, dann genügt neben der mineralischen Grunddüngung eine gewisse Stickstoffdüngung, um wertvolles Grünland zu schaffen.
Herrschen neben den wertvollen Kulturgräsern *minderwertige Gräser* vor, die der Düngung weichen, dann mag auch dieser Weg über die Düngung noch gangbar sein, obwohl es fraglich ist, ob nicht Umbruch und Neuansaat, oder dort wo der Umbruch ausscheidet, Bodenverwundung und Neuansaat doch bessere Folgemaßnahmen sind.
Herrschen aber *Honiggras und Rasenschmiele* im Pflanzenbestande neben den Binsen vor, dann führt die Düngung nur zu einer Vermehrung dieser beiden Ungräser und statt Binsengrünland hat man das ebenso minderwertige Rasenschmielen-Honiggrasgrünland, und *aller Aufwand ist vertan.* In solchen Fällen muß man als Folgemaßnahme Umbruch und Neuansaat wählen, oder dort, wo der Umbruch sich verbietet, so lange mit der Binsenbekämpfung warten, bis das „chemische Pflügen“ bei uns möglich wird. Die Anwendung des Wuchsstoffherbizides auf Propionsäurebasis „Dalapon“ vernichtet Honiggras und Rasenschmiele ebenso wie alle anderen Gräser, zusammen mit Spritz-

hormit angewendet werden die Binsen mitvernichtet. Nach bloßer Bodenverwundung kann man dann ansäen.

Die weiteren Folgemaßnahmen zur Verhütung der Neuverbinsung sind deshalb so wichtig, weil die Binsenböden meist derartig mit keimfähigen Samen angereichert sind, daß die Binsen sich bald wieder einstellen, wenn man bei der Bewirtschaftung nicht dafür sorgt, das Keimen der Samen möglichst zu verhindern und aufgelaufene Binsensämlinge möglichst im empfindlichen Jugendstadium zu unterdrücken.

Die Binsen haben eine außerordentlich hohe Samenproduktion, pro Bült bis 300000 Samen. Sie halten damit die Spitze unter allen Unkräutern. Die Samen sind sehr klein, das Tausendkorngewicht beträgt 0,01 g, vom Wind werden sie weit verweht, von einem Dutzend Horste können schon soviel Samen je ha anwehen, wie wir an Getreidekörnern aussäen. Binsenstandorte sind deshalb auch voll von Binsensamen. Bis zu einer Tiefe von 5 cm wurden 200000000 keimfähige Binsensamen im Boden gezählt.

Die Binsensamen keimen im frühen Frühjahr, im Monat März etwa. Sie keimen nur bei *vollem Lichtgenuß* und bei *überfeuchtem Boden*. Die übermäßige Bodenfeuchte ist auch bei an sich gut entwässerten Böden leicht gegeben, wenn es sich um feinkörnige Sandböden handelt, die im Frühjahr leicht verschlämmen und die bei uns außer den zu nassen Standorten der Hauptbinsenstandort sind. Es gilt alles zu tun, dieses Verschlämmen möglichst zu verhindern. Frühjahrsfrüh- und Herbstspätweide sind auf solchen Standorten zu unterlassen. Auch muß man es möglichst nicht zu Tritt- und Radspuren kommen lassen. Zur Herabsetzung der Bodenverdichtung muß man mit Bodenbedeckungsmitteln arbeiten und den Samen und den Keimlingen durch wüchsige Pflanzenbestände das Licht entziehen.

Keinesfalls darf man die verbinsten Niedermoorböden mit einer flachanstehenden Tonschicht umbrechen. Sie verschlämmen im Frühjahr und verbinsen dann noch mehr. Bei den feinkörnigen Sandböden darf man nach dem Umbruch keine humuszehrenden Ackerkulturen einschalten. In den Jahren des Ackerbaues geht der Humusgehalt zurück, und bei der Wiederanlage von Grünland ist die Gefahr der Verschlämmung im Frühjahr und der Neuverbinsung erhöht. Hier ist mehrjähriger Kleegrasbau in Grünlandackerwechselnutzung oder periodisch erneuertes Gründland anzuraten.

Binsenbekämpfung heißt also: Beseitigung der Binsen, Schaffung von wertvollen wüchsigen Pflanzenbeständen auf den Binsenstandorten und Verhütung der Neuverbinsung. Nur wer die Bekämpfung so sieht, wird Herr über die Binsen.

II. Die landwirtschaftlich wichtigsten Sauergräser (Cyperáceae)

Zu den landwirtschaftlich wichtigsten Sauergräsern gehören *Simsen* (*Scirpus*-Arten), *Wollgräser* (*Eriophorum*-Arten), *Seggen* (*Carex*-Arten) und noch andere, hier weniger interessierende Arten. Die Simsen und die Wollgräser haben zwittrige Blüten mit 6 Blütenhüll*borsten* bzw. mit vielen Blütenhüll*haaren* (siehe Instruktionstafel S. 135), die Seggen haben dagegen eingeschlechtige Blüten; die Staubgefäße sitzen in der Achsel eines *spelzenförmigen Deckblattes*, der Fruchtknoten sitzt, von einem *Schlauch* umgeben, ebenfalls in der Achsel eines *spelzenförmigen Deckblattes.* Die Unterscheidung der einzelnen Simsen, Wollgräser und Seggen voneinander im Blütenzustande ist so einfach wie bei fast keiner anderen Gattung. Jede Bestimmungsflora liefert die nötigen Hinweise. Besonders leicht ist die Unterscheidung der einzelnen Seggen voneinander. Man unterscheidet *Einährige* (*Monostáchyae*) und *Vielährige* (*Polystáchyae*) und bei den letzteren *Gleichährige* (*Homostáchyae*) mit männlichen und weiblichen Blüten in einer Ähre und *Verschiedenährige* (*Hêterostáchyae*) mit männlichen und weiblichen Ähren. Der Schlauch, der die Frucht umgibt, ist so verschiedenartig gestaltet: mehr oder weniger geschnäbelt, geflügelt, aufgeblasen, rauh, daß die weitere Unterteilung der Gruppen leicht möglich ist. Schwierigkeiten bereiten nur die recht häufigen Bastarde zwischen den einzelnen Arten. Aber diese Besonderheiten kann man zunächst außer Betracht lassen. Man gehe also ohne Hemmungen an die Bestimmung im Blütenzustande oder richtiger gesagt im Fruchtzustande heran, und das Sauergras ist bald bestimmt.

Leider trifft man die Sauergräser auf dem Grünlande aber nur sehr selten oder auch nie im Blüten- und Fruchtzustande an. Es bedarf also der Bestimmung im blütenlosen Zustande.

Im blütenlosen Zustand sehen sich die Sauergräser: die Simsen, Wollgräser und Seggen sehr ähnlich. *Sie haben alle dreizeilig angeordnete Blätter* wie die Sumpfsegge auf Instruktionstafel Seite 13. Von den landwirtschaftlich wichtigen Sauergräsern sind nur wenige abweichend gestaltet. Sie wirken wie Binsen, so vor allem die *Flechtsimse* (*Scírpus lacústris L.*). Mit dicker liegender Grundachse. Höhe bis 5 m. Blüte Juli. Sie hat einen ähnlichen Standort wie das Schilfrohr und wird weit und breit zur Herstellung von Flechtwerken verschiedenster Art benutzt und die *Sumpfsimse* (*Heleócharis palústris R. B.*). Mit kriechender Grundachse. Höhe bis 50 cm. Blüte Juli. Sie bildet in seichtem Wasser oder in Sümpfen hier und da Bestände. Diese beiden Sauergräser sind nur erwähnt, um darauf aufmerksam zu machen, daß es auch binsenähnliche gibt, die botanisch sonst mit den Binsen nichts zu tun haben.

Die Unterscheidung der Sauergräser im blütenlosen Zustand ist nicht allzu schwierig, jedenfalls aber leichter als die Unterscheidung der einzelnen Süßgräser voneinander. Ähnlich wie bei den Süßgräsern bringe ich im folgenden eine Bestimmung nach Gruppen, einen Auszug aus einer umfassenden Zusammenstellung, die ich schon seit fast 40 Jahren benutze. Herausgestellt werden nur die landwirtschaftlich allerwichtigsten. Erreicht soll damit werden, daß der Landwirt sich zurechtfindet, daß er lernt, wie verschiedenartige Standorte die Sauergräser im einzelnen haben, nasse bis trockene, daß er beim Auftreten von Sauergräsern nicht ohne weiteres auf Nässe oder gar Säure schließt. Säureanzeiger sind unter den Sauergräsern ebenso selten wie unter den Süßgräsern (die sogenannten „sauren“ Wiesen sind naß, aber nicht ph-sauer, das muß leider betont werden, weil sogar bei der Bodenschätzung naß mit ph-sauer verwechselt worden ist). *Einährige Seggen* (*Monostachyae*) werden in der Bestimmung nicht berücksichtigt, obwohl *Flohsegge* (*Cárex pulicáris L.*), *Davalls-Segge* (*Cárex davalliána Sm.*) und *Zweihäusige Segge* (*Cárex dioica L.*) manchmal auf nassem Grünland gute Zeiger sind. Es folgen also nur Mehrährige Seggen und zwar Gleichährige (*Homostachyae*) und Verschiedenährige (*Heterostachyae*), die wir zusätzlich durch ein Ho. oder He. kennzeichnen.

Erste Gruppe

Sauergräser mit Borstblättern (Dreikantblättern)

1. **Einköpfiges** oder **Scheidiges Wollgras** (*Erióphorum vaginátum L.*). Horstig, bültig. Höhe bis 60 cm. Blüte März, April. Das vielbesungene Wollgras, „Wie ein Wollgrasflöckchen im Wind“. Mit bis zu 10 dcm langen, fadenförmigen Dreikantblättern. Häufig auf Hochmooren zwischen den Torfmoosen (Sphagnum-Arten). Die vielen Faserbüschel, in die die dicken Blattscheiden zerfallen, sind typisch für den Hochmoortorf. Das Scheidige Wollgras kommt hier und da auch auf nassen Wiesen vor, es deutet dann auf hochmoorarmen Boden hin.

Zweite Gruppe

Sauergräser mit behaarten Blättern

2. **Bergsegge** (*Cárex montána L.*) He. Hexenringig, horstig. Höhe unter 50 cm. Blüte März/April. Nur auf der Blattspreitenoberseite behaart. Blattscheiden rötlich. Vordere Blattscheidenwand netzfaserig. Bildet auf trockenen, mageren Kalkhängen der Wasserstufe 4— bisweilen regelrechte Wiesen, die allerdings weder in der Menge noch in der Güte des Ertrages befriedigen, aber doch nicht ganz unbrauchbar sind.

3. **Behaarte Segge** (*Cárex hírta L.*). He. Mit langen, dicken unterirdischen Ausläufern, die nicht nur an den Knoten bewurzelt sind, sondern auch an den Gliedern zwischen den Knoten. Höhe bis über 50 cm. Mit Blatthalmtrieben. Blattspreiten nicht nur oberseits, sondern auch unterseits behaart. Behaart ist besonders auch die Blattscheide. Es kommt gelegentlich auch eine unbehaarte Abart vor. Dann unverkennlich an den Gliederwurzeln. Mittelbreite Knickrandblätter. Fast scheidenhautkragig. Wohl die häufigste aller Seggen. Verträgt Trockenheit und Nässe, Überdüngung und Nährstoffarmut, Kälte und Wärme. Ist keineswegs ein Zeichen für Nässe. Ein auf Grünland sehr häufiges, meist verkanntes Sauergras.

4. **Bleiche Segge** (*Cárex palléscens L.*). He. Horstig. Höhe 50 cm. Blüte Mai/Juni. Mit 5 mm breiten Knickrandblättern, der Waldsegge, Nummer 19, wenn man die Behaarung übersieht, zum Verwechseln ähnlich. Der obere Rand der vorderen Blattscheidenwand aber nicht sichelmondförmig, sondern spitzwinklig. Es ist das einzige Sauergras, das gern gefressen wird und einen hohen Futterwert hat. Der Hauptstandort ist im Walde, aber gelegentlich auch das gut feuchte Grünland.

Dritte Gruppe

Sauergräser mit ausgeprägtem Blattscheidenhautkragen

An der geschlossenen Blattscheide der Sauergräser können wir entsprechend dem mehr oder weniger dreiseitigen Aufbau zwei gesondert zu betrachtende Teile unterscheiden: die der Blattspreite gegenüberliegende *vordere Scheidenwand* (oder Bauchscheidenwand) und die sich in die Blattspreite fortsetzenden *beiden hinteren Scheidenwände* (oder

Rückenscheidenwände). An den hinteren Scheidenwänden sitzt das Blatthäutchen, das nur bei einigen Sauergräsern fehlt. Die vordere Scheidenwand ist meist häutig, und bei einigen Arten über den Blattspreitenabgang hinaus verlängert und mit dem Blatthäutchen zu einem Hautkragen verwachsen. Wir sprechen dann von einem *Scheidenhautkragen*. Wenn dieser sehr ausgeprägt ist, vereinigen wir die betreffenden Sauergräser zu der dritten Gruppe der Sauergräser mit ausgeprägtem Scheidenhautkragen.

5. **Zittergrassegge** (*Cárex brizoídes Jusl.*). Ho. Mit einem Netz von mitteldicken unterirdischen Ausläufern. Höhe 60 cm. Blüte Mai/Juni. Mit 2—3 mm breiten bis über 10 dcm langen Knickrandblättern. Auf feuchtnassen, meist lehmig-tonigen Böden gegelentlich auch auf dem Grünlande, sonst vor allem im Walde. Wird gerauft und als Polstermaterial verkauft. In Süddeutschland soll es Wälder geben, bei denen die Einnahmen aus der Zittergrassegge höher sind als die aus den Bäumen.

6. **Sandsegge** (*Cárex arenária L.*). Ho. Mit bis zu 3 m langen, sehr dicken, terpentinduftenden (offizinell), schnurgeraden (Soldatengras) unterirdischen Ausläufern ohne Gliederwurzeln. Höhe etwa 30 cm. Blüte Mai/Juni. Häufig auf trockenem Sand. Bindet den Dünensand. Zur Festlegung von Dünensand gelegentlich auch angepflanzt.

7. **Zweizeilige Segge** (*Cárex dísticha Huds., C. intermêdia Good.*). Ho. Mit langen, dicken, verzweigten weißen, von den zerfaserten, schwarzen Scheidenblättern quirlig behaart erscheinenden unterirdischen Ausläufern. Höhe über 50 cm. Blüte Mai/Juni. Bauchscheidenwand nicht häutig, sondern krautig, derb. Knickrandblätter 2—5 mm breit. Häufige Mittelsegge. Bildet auf moorigen nassen Wiesen oft weite Reinbestände. Streuepflanze.

8. **Fadensegge** (*Cárex lásiocárpa Ehrh., C. filifórmis L.*). He. Mit kriechenden Ausläufern. Höhe 60 cm. Blüte Mai/Juni. Blätter bis 10 dcm lang, aber nur 2 mm breit, einfachrinnig, mit langer Dreikantspitze. **Mittelsegge.** Oft bestandbildend auf nassen Wiesen mehr von Hochmoorcharakter.

9. **Drahtsegge** (*Cárex diándra Schrank, C. teretiúscula Good.*). Lockerhorstig. Ho. Höhe 50 cm. Blüte Mai/Juni. Blätter bis 5 dcm lang, einfachrinnig, mit Dreikantspitze. Hautkragen vorne höher als hinten. Mittelsegge. Manchmal auf moorigen, nassen Wiesen.

10. **Hasenpfotensegge** (*Cárex leporína L.*). Ho. Dichthorstig. Faserschopfig. Höhe bis 50 cm. Blüte Mai/Juni. Blätter knickrandig, etwas starr, bis 5 dcm lang. Gelegentlich auf etwas trockenem bis feuchtem ärmerem Grünland. Dortselbst sehr häufig an Wegen.

11. **Stachelsegge** (*Cárex contígua Hoppe*). Ho. Horstig. Höhe bis 50 cm. Blüte Mai/Juni. Blätter knickrandig, grasähnlich, 3—5 mm breit, bis 5 dcm lang. Scheiden mit schwarzvioletten Streifen. Auftreten ähnlich wie 10, aber auch auf etwas reicheren Böden. Das süßgrasähnlichste Sauergras.

Vierte Gruppe

Sauergräser mit einfachen Rinnenblättern

12. **Schneide** (*Cládium maríscus (L.) Pohl*). Mit sehr dicken liegenden Grundachsen. Höhe bis 2,5 m. Blüte Juni/Juli. Die einfachrinnigen 5—10 mm breiten Blätter werden über 10 dcm lang, besitzen eine Dreikantspitze und sind sowohl am Kiel als auch an den Rändern sehr stark nach vorn gezähnelt. Eines der wenigen Sauergräser ohne auch eine Spur von Blatthäutchen. „Großsegge", selten, aber gesellig auf nassen Mooren. Torfbildner.

13. **Schmalblättriges Wollgras** (*Erióphorum angustifólium Honck.*). Vielköpfig. Mit langen Ausläufern. Höhe bis 50 cm. Blüte April/Mai. Scheiden rund und rosarot. Blätter bis zu 10 dcm lang, einfachrinnig, um 5 mm breit, mit langer Dreikantspitze. „Mittelsegge". Oft auf nassen ärmeren Wiesen.

14. **Schnabelsegge** (*Cárex infláta Huds., C. rostráta Stokes*). He. Mit langen, weißlichen Ausläufern. Höhe bis 60 cm. Blüte Mai/Juni. Die 5 mm breiten, weichen oberseits weißgrauen Rinnenblätter werden bis 10 dcm lang und haben nur eine kurze Dreikantspitze. Blattscheiden rötlich nuanciert. Mittelsegge. Hauptbestandsbildner auf nassen armen sumpfigen Wiesen.

15. **Rispensegge** (*Cárex pániculáta Jusl.*). Ho. In Polsterhorsten. Höhe bis über 1 m. Blüte Mai/Juni. Mit bis zu 20 dcm langen, über 5 mm breiten hohlrinnigen Blättern. Die Schuppenblätter am Grunde der Triebe glänzend schwarz und nicht zerfasernd. Hohe Bültsegge. Gewöhnlich an wasserzügigen Rändern von Tümpeln, aber manchmal auch auf großen Flächen bestandbildend auf nassen, quelligen Wiesen. Die Beseitigung der Bülten nach der Entwässerung ist sehr schwierig.

16. **Schwarzschopfsegge** (*Cárex áppropinquáta Schum., C. parádoxa Wild.*). Ho. In dichten Horsten. Faserschopfig. Höhe 50 cm. Blüte Mai/Juni. Die nur 2 mm breiten Rinnenblätter haben keine Dreikantspitze und werden bis zu 10 dcm lang. Mittelhohe Bültsegge, gelegentlich auf nassen ärmeren Wiesen bestandbildend. Die Beseitigung der Bülten nach der Entwässerung macht keine Schwierigkeiten.

Fünfte Gruppe

Sauergräser mit Knickrandblättern

Horstsauergräser

17. **Steife Segge** (*Cárex réticulósa Peterm., C. stricta Good., C. Hudsónii Bennet, C. eláta All.*). He. In hohen dichten Polsterhorsten. Höhe bis über 1 m. Blüte April/Mai. Mit 5—10 mm breiten bis zu 10 dcm langen Knickrandblättern. Triebgrund nicht rötlich nuanciert. Hintere Scheidenwände typisch hellbraun. Die vordere Scheidenwand mit Gefäßbündelfasernetz. Hohe Bültsegge. Auf nassen Wiesen und auch in flachem Wasser oft bestandbildend. Die Beseitigung der Bülten nach der Entwässerung ist sehr schwierig.

18. **Fuchssegge** (*Cárex vulpína L.*). Ho. In Horsten. Faserschopfig. Höhe bis 80 cm. Blüte Mai/Juni. Die Blätter sind 5—8 mm breit, werden bis 10 dcm lang und enden in einer Dreikantspitze. Triebgrund dreischneidig, mit ausgekehlten Seitenflächen. Hier und da nicht selten auf feuchtnassem Grünland, gern auf nährstoffreicherem oder schwach salzigem Boden.

19. **Waldsegge** (*Cárex silvática Huds.*). He. Horstig. Höhe bis 70 cm. Blüte Mai/Juni. Die oberseits rauhen, grünen Knickrandblätter werden bis 5 dcm lang und enden nicht in einer Dreikantspitze. Auf frischen bis feuchten kräftigen Waldböden bester Humuszersetzung, greift auf buschige Wiesen über. Gern an Wald- und Wiesenwegen.

20. **Breitblättriges Wollgras** (*Erióphorum latifólium Hoppe.*). Vielköpfig. In Horsten. Höhe bis 60 cm. Blüte Mai/Juni. Die oberseits glatten, 5 mm breiten Knickrandblätter werden bis zu 5 dcm lang und enden mit einer ausgeprägten Dreikantspitze. Runder Triebgrund. Typisch für quellige, nasse Stellen.

21. **Weißgraue Segge,** Moorsegge (*Cárex canéscens L.*). Ho. Horstig. Höhe bis 50 cm. Blüte Mai/Juni. Die oberseits glatten weißlich grauen Knickrandblätter sind 2—4 mm breit und werden bis zu 5 dcm lang. Blattscheiden mit braunvioletten Streifen. Kleinsegge. Bestandteil der Kleinseggenwiesen auf nassen, ärmeren Standorten.

22. **Gelbe Segge** (*Cárex fláva L.*). He. Horstig. Höhe 50 cm. Blüte Juni/Juli. Die gelbgrünen Knickrandblätter sind 5 mm breit, werden bis zu 5 dcm lang und enden mit einer Dreikantspitze. Kleinsegge mit vielen Abarten. Häufigste Abart v. *lepidocárpa*, besonders zierlich die kleine Abart v. *oedéri.* Kleinsegge. Auf den Kleinseggenwiesen auf nassen, armen Böden, geht aber auch auf feuchte Wiesen über.

Sechste Gruppe

Sauergräser mit Knickrandblättern

Ausläufersauergräser

23. **Spitzsegge** (*Cárex grácilis Curt., C. acúta Good.*). He. Mit langen unterirdischen Ausläufern, aber auch lockerrasig. Höhe bis 1,50 m. Blüte Mai/Juni. Die 5 bis 10 mm breiten Knickrandblätter werden bis zu 20 dcm lang. Bauchscheidenwand zerfällt lappig. Die häufigste Großsegge. Bildet auf nassen Wiesen die Großseggenbestände. Gute Streuepflanze. (Auch **Schlanksegge** genannt.)

24. **Sumpfsegge** (*Cárex ácutifórmis Ehrh., C. paludósa Good.*). He. Mit langen unterirdischen Ausläufern. Höhe bis 1,20 m. Blüte Mai/Juni. Die oberseits grünen und unterseits blauen Knickrandblätter sind bis über 10 mm breit und werden bis zu 20 dcm lang. Triebgrund rötlich nuanciert. Bauchscheidenwand netzfaserig. Großsegge. Neben der Spitzsegge (23) der häufigste Besiedler nasser, aber mehr wasserzügiger Wiesen.

25. **Blasensegge** (*Cárex vesicária L.*). He. Mit kurzen, kräftigen unterirdischen Ausläufern. Höhe über 1 m. Blüte Mai/Juni. Die 5—10 mm breiten gelbgrünen

Knickrandblätter werden bis zu 10 dcm lang. Triebgrund rötlich nuanciert. Bauchscheidenwand netzfaserig. Mittelsegge. Hauptbestandsbildner auf nassen ärmeren sumpfigen Wiesen.

26. **Waldsimse** (*Scírpus silváticus L.*). Mit langen dicken unterirdischen Ausläufern. Höhe bis 1 m. Blüte Juni/Juli. Die bis 10 mm breiten Knickrandblätter werden bis zu 5 dcm lang und enden mit einer Dreikantspitze. Triebgrund rund und nicht rötlich nuanciert. „Mittelsegge". Häufig auf feuchtnassen, wasserzügigen Wiesen.

27. **Meersimse** (*Scírpus marítimus L.*). Mit unterirdischen Ausläufern, die an der Spitze knollig verdickt sind. Höhe bis 1,20 m. Blüte Juli. Vordere Scheidenwand nicht häutig, sondern krautig, derb, grün. Blatthäutchen nur eine Spur. Auf feuchtnassen Stellen, besonders gern auf salzigem Grünland, deutet in Gräben auf Salzwassereinfluß hin.

28. **Braune Segge** (*Cárex fúsca All., C. vulgáris Fries, C. stólonífera Hoppe, C. Goodenóvii Gray*). He. Mit unterirdischen Ausläufern. Höhe bis über 50 cm. Blüte Mai/Juni. Die 2—5 mm breiten Knickrandblätter werden bis zu 10 dcm lang. Knickränder an der Spitze fast spitzwinklig. Bauchscheidenwand häutig, lappig zerfallend, nicht rötlich nuanziert. Kleinsegge. Der Hauptbestandsbildner der Kleinseggensumpfwiesen.

29. **Hirsensegge** (*Cárex panícea L.*). He. Mit hellen unterirdischen Ausläufern. Höhe bis 50 cm. Blüte Mai/Juni. Die typisch blaugrünen Knickrandblätter sind um 5 mm breit und können bis zu 5 dcm lang werden und enden mit einer Dreikantspitze. Blattscheiden hell, Bauchscheidenwand zart, zerfällt sehr leicht, lappig. Kleinsegge. Zusammen mit der Braunen Segge (28), aber auch auf weniger nassem Grünland.

30. **Blaue Segge** (*Cárex flácca Schreb., C. glaúca Scop.*). He. Mit rötlichen unterirdischen Ausläufern. Höhe bis 50 cm. Blüte Mai/Juni. Die besonders unterseits blaugrünen Knickrandblätter sind um 5 mm breit und werden bis zu 5 dcm lang und enden kaum mit einer Dreikantspitze. Blattscheiden etwas rötlich nuanciert. Bauchscheidenwand nicht so zart wie bei der Hirsensegge (29), zerfällt nicht so leicht, aber auch lappig. Kleinsegge. Ähnlich wie die Blaue Binse, mehr auf lehmig-tonigen Böden.

Die *Groß-*, *Mittel-* und *Kleinseggenwiesen* müssen entwässert und anschließend umgebrochen und neu angesät werden. Ohne den Umbruch kommt man nur selten aus. Wenn auch die Sauergräser nach der Entwässerung einer intensiven Grünlandbewirtschaftung allmählich weichen, so ist doch der Umbruch nur dort zu unterlassen, wo er sich verbietet.
Kann man *Großseggenwiesen* z. Z. nicht entwässern, wird man versuchen, die Militzgräser in ihnen zu fördern, was hier und da gelingt, wenn man den Überschwemmungen einen rascheren Abzug verschafft. Leider gelingt es nicht, den Futterwert der Sauergräser durch Einsäuerung zu heben.

Nicht alle Kleinseggen zeigen entwässerungsbedürftigen Boden an und erst recht nicht alle Seggen und Sauergräser. Aber alle deuten auf Unzulänglichkeiten hin. Aus *Sauergrasgrünland muß Süßgrasgrünland werden*, das ist die Forderung, die immer dringlicher wird, je höher die Leistungen sind, die wir von unserem Vieh und unserem Grünland fordern.

III. Die landwirtschaftlich wichtigsten Schachtelhalme (*Equiséteum*-Arten)

Von den Schachtelhalmen können auf dem Grünlande vorkommen: *Waldschachtelhalm, Schlammschachtelhalm, Ackerschachtelhalm* und *Sumpfschachtelhalm* oder *Duwock*. Der Waldschachtelhalm hat seinen Hauptstandort im Walde, der Schlammschachtelhalm im seichten Wasser, der Ackerschachtelhalm auf dem Acker und der Sumpfschachtelhalm auf sumpfigen, aber auch auf gut feuchten Wiesen und Weiden der Wasserstufe 2. Der Sumpfschachtelhalm ist namentlich auf dem Niederungsgrünland stellenweise sehr verbreitet. Mit Sumpfschachtelhalm verseuchtes Land bezeichnet der Volksmund als „bitter", und das mit Duwock verseuchte „bittere" Land ist mit Recht noch mehr gefürchtet als das zu nasse „saure" Land; denn die Sauergräser sind im Gegensatz zum Duwock nicht giftig, wenn ihr Futterwert auch gering ist, und die Sauergräser lassen sich nach der Entwässerung leicht beseitigen, der Duwock dagegen nicht. Der Duwock ist, schon in Mengen von 3% mit dem Futter aufgenommen, den Wiederkäuern, insbesondere dem Rindvieh schädlich. Durchfall, Abmagerung, schlechte Gewichtszunahme, Rückgang des Milchertrages treten schon beim Genuß so geringer Mengen ein. Auch wird die Milch wäßrig und die daraus hergestellte Butter schmierig-tranig. Hochzucht, hohe Leistungen und die Gewinnung von Qualitätsmilch sind auf bitteren Weiden nicht möglich. Wird Duwock in größerer Menge aufgenommen, so kann es zu lähmungsartigen Erscheinungen kommen, und im schlimmsten Falle gehen die Tiere sogar ein. Das kommt aber meist nur vor bei fremden Tieren aus duwockfreien Gegenden. Die einheimischen Tiere verschmähen den Duwock, sie versuchen möglichst wenig davon aufzunehmen und gewöhnen sich wohl auch an eine gewisse Aufnahme, die aber den Gesundheitszustand doch verschlechtert und zu den geschilderten Leistungsabnahmen führt. Allein wegen des Duwocks werden diese Sonderausführungen über die Schachtelhalme hier im Anhang gemacht. Die drei anderen Schachtelhalme werden nur mit aufgeführt, um Verwechselungen zu vermeiden. Gelegentlich treten diese anderen Schachtelhalme auch auf dem Grünlande auf, besonders häufig der ungiftige Ackerschachtelhalm. Auf der Instruktionstafel S. 147 sind deshalb die Unterscheidungsmerkmale von Acker- und Sumpfschachtelhalm auch zeichnerisch festgehalten. Hauptunterscheidungsmerkmal ist der Querschnitt der oberirdischen unfruchtbaren Stengel. *An diesem Querschnitt lassen sich alle Arten sicher unterscheiden.* Die fruchtbaren Stengel haben andere Querschnitte, wieder andere die waagerechten Stengelausläufer im Boden und wieder andere die von diesen nach oben gehenden Stengeltriebe im Boden und noch andere die an den waagerechten und senkrechten Bodentrieben sitzenden Vermehrungsknollen. An jedem dieser Querschnitte könnte man die Schachtelhalme unter-

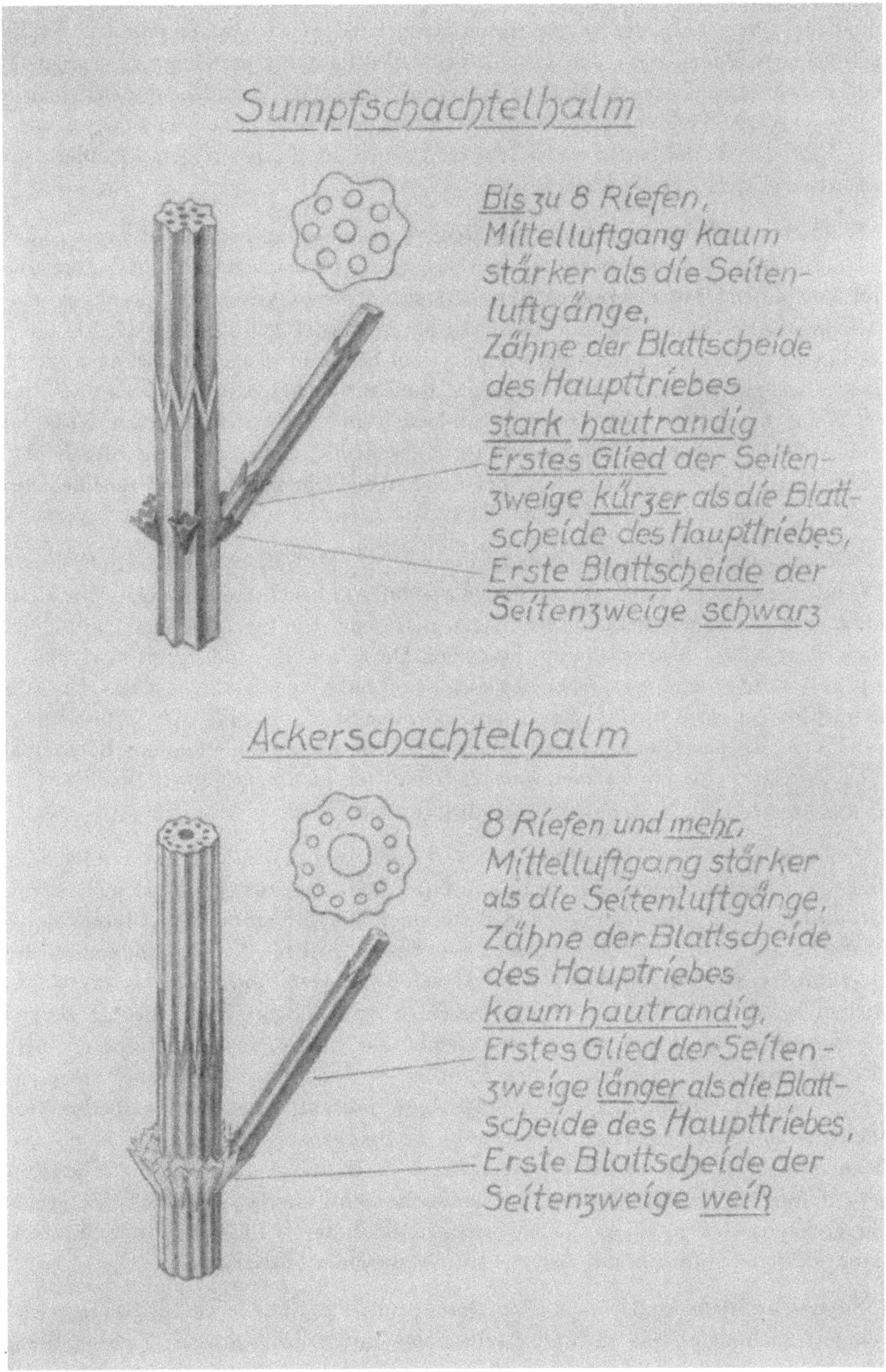
Sumpfschachtelhalm
Bis zu 8 Riefen, Mittelluftgang kaum stärker als die Seitenluftgänge, Zähne der Blattscheide des Haupttriebes stark hautrandig
Erstes Glied der Seitenzweige kürzer als die Blattscheide des Haupttriebes,
Erste Blattscheide der Seitenzweige schwarz
Ackerschachtelhalm
8 Riefen und mehr, Mittelluftgang stärker als die Seitenluftgänge, Zähne der Blattscheide des Haupttriebes kaum hautrandig,
Erstes Glied der Seitenzweige länger als die Blattscheide des Haupttriebes,
Erste Blattscheide der Seitenzweige weiß

scheiden. Wir beschränken uns aber auf die Querschnitte der oberirdischen unfruchtbaren Stengel, weisen bei Acker- und Sumpfschachtelhalm aber doch auf die Unterschiede im Querschnitt der waagerechten Stengelausläufer im Boden und der von ihnen aufsteigenden Bodentriebe hin, um auch eine Bestimmung im Winter zu ermöglichen. Die oberirdischen Triebe werden vom ersten Frost zerstört, und neue erscheinen erst wieder im April. Weitere Unterscheidungsmerkmale sind die Zähne der Blattscheide, die erste Blattscheide der Seitenzweige, das erste Glied der Seitenzweige und andere Merkmale der Seitenzweige.

1. **Waldschachtelhalm** (*Equisétum silváticum L.*). Mit waagerechten Stengelausläufern in einer Tiefe von 30 bis 40 cm. Fruchtbare Stengel zunächst bleich, dann ergrünend und Äste bildend, mit rotbraunen Blütenständen (Sporophyllständen). Die etwas später im Frühjahr erscheinenden unfruchtbaren Stengel bis 60 cm hoch mit 11 bis 14 abgeplatteten Riefen und entsprechend vielen Seitenluftgängen und einem großen Mittelluftgang. Seitenäste verzweigt, dreikantig, hellgrün, fein, zierlich, bogig herabhängend. In den Mittelgebirgen und auch anderswo, vor allem im Walde aber auch auf dem Acker als Unkraut. Wegen der flachstreichenden Ausläufer leicht zu bekämpfen, schon durch Zerstörung der Ausläuferschicht mit dem Bodenmeißel. Selten auch auf das Grünland übergreifend. Giftverdächtig.

2. **Schlammschachtelhalm** (*Equisétum fluviátile L., E. Heleócharis Ehrh., E. limósum L.*). Mit sehr flach streichenden Stengelausläufern. Fruchtbare Stengel mit kleinen, schwarzen, kolbig verdickten „Blütenständen“, gleichzeitig erscheinend mit den bis zu 1,50 m hohen unfruchtbaren Stengeln. Diese anscheinend rund, mit 15—18 flachen Riefen und entsprechend vielen Seitenluftgängen und einem fast den ganzen Stengel bis auf einen kleinen Rand einnehmenden Mittelluftgang. Als Hollrüschen, als hohlstenglig bezeichnet deshalb auch der Volksmund den Schlammschachtelhalm. Oft ohne Seitenäste, die wenigen sonst aufrecht, unverzweigt. Mehr im flachen Wasser als auf nassem Grünland. Giftig wahrscheinlich für Pferde.

3. **Ackerschachtelhalm** (*Equisétum arvénse L.*). Mit bis zu 1 m tiefstreichenden waagerechten Stengelausläufern. Fruchtbare Stengel hellbraun, im April vor den unfruchtbaren erscheinend, aber im Mai schon absterbend, mit rötlichbraunen „Blütenständen“. Unfruchtbare Stengel bis 50 cm hoch, von Ende April bis Anfang November, mehr als 8riefig mit entsprechend vielen Seitenluftgängen und einem etwas größeren Mittelluftgang. Die Zähne der Blattscheiden schwärzlich, kaum häutig berandet. Die Seitenäste sind kaum verzweigt, aufrecht 4—5kantig, das erste Glied der Seitenäste ist länger als die Scheide des Hauptastes, die erste Scheide der Nebenäste ist weiß. Lästiges, schwer zu bekämpfendes Ackerunkraut. Zeigt auf Sandböden bessere Schichten im Untergrunde an. Keineswegs ein Säureanzeiger. Auf Sandböden eher ein Lehmanzeiger. Aber auch auf schweren Böden z. B. in der Altmärker Wische. Hauptbekämpfungsmittel Beschattung, da die Triebe lichthungrig sind. Auch auf Grünland übergreifend, aber nicht giftig. Ackerschachtelhalmtee wird sogar als Heilmittel bei Lungenleiden empfohlen und als wachstumsförderndes Spritzmittel.

4. **Sumpfschachtelhalm,** Duwock (*Equisétum palústre L.*). Mit 30 cm bis 1 m ja gelegentlich mit noch tiefer (bis zu 5 m) streichenden unterirdischen waagerechten Stengel-

ausläufern. Fruchtbare und unfruchtbare Stengel sind äußerlich sehr ähnlich. Sie erscheinen im April und verschwinden im November mit dem ersten Frost. Die fruchtbaren Stengel treiben im Juni zylindrische schwarze „Blütenstände". Die Stengel werden bis 80 cm hoch, sind selten mehr als 8riefig, mit entsprechend vielen relativ großen Seitenluftgängen und einem nicht viel größeren Mittelluftgang. Die Zähne der Blattscheiden sind breit weißhäutig berandet. Die Seitenäste sind kaum verzweigt, aufrecht, 5kantig, das erste Glied der Seitenäste ist sehr kurz, kürzer als die Scheide des Hauptastes, die erste Scheide der Nebenäste ist schwarz. (Auch die unterirdischen Stengel haben weniger Seitenhöhlen und auch größere als die des Ackerschachtelhalms.) Giftig für alle Wiederkäuer, nicht dagegen für Pferde. Das mit Recht am meisten gefürchtete Unkraut auf dem Grünlande. Kommt dort nicht nur unter nassen Verhältnissen, sondern auch auf gut feuchtem Grünland vor. Gebunden sind die Ausläufer an eine übernasse Bodenschicht, diese kann aber je nach der Tiefenlage der Ausläufer so tief anstehen, daß sie dem Kulturpflanzenwuchs nicht schädlich ist und auch durch Entwässerung nicht beeinflußt werden kann. In bester Struktur befindliche tiefgründige Marschböden sind frei von Duwock. Der Duwock ist auch ein gefürchtetes Ackerunkraut.
Erwähnen wollen wir schließlich noch zwei andere Schachtelhalme, wenn sie auch landwirtschaftlich ohne Bedeutung sind.

5. **Riesen-Schachtelhalm** (*Equisétum máximum Lam.*). Bis 2 m hoch. Erinnert an die 10 bis 12 m hohen Vorfahren zur Zeit der Steinkohlenformation, seine runden etwa 30riefigen elfenbeinfarbigen Laubtriebe sind eine wahre Pracht. Hier und da trifft man ihn an Mergelkuhlen oder an Waldrändern auf feuchten bis nassen Böden in größeren Beständen, ein unvergeßlicher Anblick!

6. **Winterschachtelhalm** (*Equisétum hiemále L.*). Im Gegensatz zu allen anderen wintergrün und dunkelgrün. Wenn man die 1 m hohen dustergrünen Bestände im Walde sieht, kommt einem das Gruseln an, man glaubt in einem „Spökelholt" zu sein. Diese Art ist besonders kieselig, sie wird zum Holzpolieren und zum Zinnscheuern benutzt.

Wie bekämpft man nun aber den Sumpfschachtelhalm? Das ist die große, immer wieder gestellte Frage.
Erfahrene Praktiker sagen, und sie lassen sich nicht davon abbringen, der Duwock ist eine Hungerpflanze, die auf gut bewirtschafteten Wiesen und Weiden mit wüchsiger Narbe bis auf Reste zurücktritt. In der Tat konnten beide Monographen des Duwocks: *L. A. Staudinger* um 1800 und *C. A. Weber* um 1900 dasselbe im großen feststellen. In den Zeiten und in den Gegenden, in denen das Grünland Stiefkind war, trat der Duwock immer besonders stark auf. Einmal liegt das an der Vernachlässigung der Entwässerung — Nässe fördert den Duwock, die waagerechten Ausläufer wachsen im Gegensatz zu den Kulturgräsern noch in übernassen Bodenschichten — zum anderen liegt das an der Vernachlässigung der Düngung und Pflege in solchen Zeiten und Gegenden. Die feinen oberirdischen Duwocktriebe sind ebenso wie die des Ackerschachtelhalms sehr lichthungrig. Alles was zur Wüchsigkeit der Narbe beiträgt, drängt den Duwock zurück, so die Bewässerung und die Düngung. Daß der Duwock auf den Bewässerungswiesen zurücktritt, wußten schon *Pogge* und *Thünen*, und die Düngung insbesondere

mit Schweinemist war in der Praxis schon immer ein beliebtes Mittel gegen den Duwock. Wüchsige Narben schaden dem Duwock aber nicht nur durch den Lichtentzug, sondern auch durch die stärkere Kohlensäureproduktion der stärker atmenden Wurzeln der wüchsigen Kulturgräser. Die jungen Duwocktriebe im Boden sind sehr sauerstoffhungrig und scheinen kohlenstoffhaltigere Luft nur schwer durchdringen zu können. Vor allem sind aber die Triebe, da sie aufrecht und nicht bogig aus dem Boden steigen und sehr spröde sind, auch empfindlich gegen Druck, also gegen das Walzen und Beweiden. Die Zwätzener Versuchsweiden der ehemaligen *Ohl*schen Melkerschule sind frei von Duwock, obwohl er nebenan am Straßenrand wuchert. Im Walzen mit Riffel- oder Druckleistenwalzen glaubte man vor 35 Jahren etwa sogar ein Radikalmittel gegen den Duwock gefunden zu haben. Es wurde nicht nur im Frühjahr, sondern auch Mitte Mai gewalzt, wenn die Duwocktriebe 15—20 cm hoch sind, und es wurde dann doppelt gewalzt: hin und her. Leider wird die Wirkung der Druckleisten auf moorigen Böden stark herabgesetzt, viele Triebe weichen aus, anstatt abzuknicken; auf schwereren Böden beeinträchtigen die Bodenunebenheiten das Abknicken. So wurde auch aus diesem Radikalmittel nichts. Als Bekämpfungsmaßnahme blieb das beharrliche Düngen und Pflegen, zu dem auch Walzen und Beweiden gehören können. Unvergeßlich bleibt mir ein „bitterer“ Marschhof, der von Besitzer zu Besitzer ging. Das Stroh war sogar mit Duwock durchsetzt, die Kühe gaben gleich mehr Milch, wenn sie von den verduwockten Marschweiden auf die viel schlechteren aber duwockfreien Hochmoorweiden kamen, und das Fettvieh mußte zur Ausmästung auf die sonst nur als Jungviehweide benutzten Außendeichsweiden getrieben werden, die salzig und damit frei von Duwock und gesund, aber doch bestenfalls von mittlerer Ertragsfähigkeit sind. Die Höfe nebenan waren praktisch duwockfrei. Daß auch diese Marschweiden von Natur ebenso verduwockt waren wie die des „bitteren“ Hofes nebenan, konnte man glauben, denn überall dort, wo man die bessere Bewirtschaftung nicht voll durchführen konnte, an Grabenrändern und in Ecken hatte sich der Duwock gehalten. Die Bauern hatten es mit der Sandjauchedüngung geschafft und schworen auf dieses Mittel. Die Dungplatten wurden 40 bis 50 cm hoch mit Sand ausgelegt, was sehr leicht vom höheren Geestland nebenan möglich war, und der mit dem Sickersaft durchtränkte Sand wurde dann als Kompost auf die Weiden ausgebracht. Die Kräftigung der Narbe durch den Sickersaft und der Tritt der Tiere hatten den Duwock bis auf Reste zurückgedrängt, vielleicht hat auch der Sand noch schmirgelnd gewirkt. Aber ein Radikalmittel ist auch die Sandjauche nicht. Nur durch eine stete, beharrliche Düngung, die zu wüchsigeren Narben führt, die den Lichtgenuß der oberirdischen Duwocktriebe und den Sauerstoffgenuß der aufsteigenden Triebe einschränken, sowie durch Walzen und Beweiden, durch das die steilaufsteigenden Bodentriebe und die spröden oberirdischen Triebe direkt verletzt werden, kann man den Duwock allmählich bis auf ungefährliche Reste zurückdrängen, die aber sofort wieder erstarken, wenn Düngung und Pflege aussetzen.

Als seinerzeit die Wuchsstoffherbizide aufkamen, glaubte man wieder ein Radikalmittel gegen den Duwock gefunden zu haben. Aber die 2,4-D Mittel (bei uns Spritzhormit und MCPA Mittel (bei uns Leuna M), die der Binse den Garaus machen, vertilgen den Duwock nur oberirdisch. 14 Tage nach der Spritzung werden die Nebenäste und mehr und mehr auch die Hauptäste braunschwarz, sie werden brüchig und zerbröseln leicht. Neuerdings hat man allerdings gefunden, daß auch die Giftigkeit der getroffenen Triebe nach 2 Wochen stark, bis auf $^1/_{10}$ herabgesetzt wird. Da MCPB (Buttersäure)-Wuchsstoffe den Klee nicht angreifen, sonst aber dieselbe Wirkung haben wie die MCPA und 2,4-D Mittel, ist vorgeschlagen worden, die Duwockwiesen 14 Tage vor der Mahd damit zu behandeln. Man erhält dann Heu, das man gefahrlos verfüttern kann. Aber die Prozedur müßte wiederholt werden; denn der Duwock kommt immer wieder und ist immer wieder giftig. Die Wuchsstoffherbizide sind also auch nicht das lange gesuchte Radikalmittel, sondern ein Hilfsmittel, das bei verduwockten Wiesen eventuell eingesetzt werden kann.

Vielleicht findet sich aber unter den Wuchsstoffherbiziden doch noch ein Radikalmittel.

Vielleicht sollte man sehr scharfe Mittel anwenden, die auch die unterirdischen Teile zerstören. Wenn Gras und Klee dabei mitvernichtet würden, so müßte man anschließend umbrechen und nach einer wüchsigen Zwischenfrucht neuansäen. An sich führt der Umbruch allein zu einer Vermehrung des Duwocks, aber zweimal wüchsiger Hanf nach dem Umbruch war auf Moorböden schon immer wirksam gegen den Duwock. Allerdings mußte der Hanf auch wirklich wüchsig sein, d. h. auf grünlandfähigem Boden in reichlicher Düngung stehen. In einem scharfen Wuchsstoffherbizid mit nachfolgender Erneuerung der Narbe dürfte vielleicht bald das lange gesuchte Radikalmittel gefunden sein.

Pferden ist der Duwock zuträglich. Die alte Methode, Duwockweiden als Pferdeweiden zu verwenden und Duwockheu als Pferdeheu wird aber mit der zunehmenden Motorisierung immer seltener anwendbar sein. Entgiftet wird das duwockhaltige Gras nicht bei der gewöhnlichen Kaltsilierung, sondern nur bei der Heißvergärung bei Temperaturen von über 60°. Aber dann geht der größere Teil des Nährwertes des Grases mit verloren.

DEUTSCHE AKADEMIE DER LANDWIRTSCHAFTSWISSENSCHAFTEN
ZU BERLIN

Zeitschrift für Landeskultur

Arbeiten aus den Fachgebieten

Meliorationswesen — Grünlandkunde — Landschaftsplanung

Zum Geleit

Das heutige Landschaftsbild ist vom Denken und Handeln unserer Vorfahren bestimmt. Wirtschaftliche Zweckmäßigkeit, umrahmt vom Empfinden für Schönheit, waren die Triebkräfte. In unserer Zeit, deren Kennzeichen eine tiefgreifende Umschichtung der gesellschaftlichen und damit auch der wirtschaftlichen Struktur unseres Vaterlandes ist, stehen wir vor der großen Aufgabe, unserer Landschaft ein neues Gesicht zu geben. Die sich entwickelnde Großflächenwirtschaft als Basis eines rationellen Einsatzes der Technik in der Landwirtschaft verlangt gebieterisch eine Neugliederung der Landschaft. Damit haben wir aber auch zugleich die einmalige Gelegenheit, Kulturlandschaften auf der Grundlage all unseres Wissens über den Lebenshaushalt der Natur zu schaffen. Die drei Teilgebiete, denen sich diese Zeitschrift widmen wird, spielen bei der Lösung der großen Aufgabe eine entscheidende Rolle. Von der Arbeit, die im Bereiche des Meliorationswesens und der Grünlandwirtschaft zu leisten ist und die ihren Niederschlag in der Landschaftsplanung finden muß, wird es abhängen, ob es uns gelingt, hochproduktive und dabei zugleich schöne Landschaften zu entwickeln.

Möge es dieser neuen Zeitschrift unserer Akademie gelingen, allen an diesen Problemen arbeitenden Menschen neue Erkenntnisse zu vermitteln. Mögen die mitzuteilenden Ergebnisse und Vorschläge dazu beitragen, das Verständnis für die Bedeutung der Landeskultur zu erweitern und zu vertiefen.

Prof. Dr. Dr. h. c. H. STUBBE
Präsident
der Deutschen Akademie der
Landwirtschaftswissenschaften
zu Berlin

Die Zeitschrift für Landeskultur erscheint in Heften mit einem Umfang von je 5 Druckbogen (80 Seiten). Die innerhalb eines Jahres herausgegebenen 4 Hefte bilden einen Band. Das letzte Heft des Bandes enthält Inhalts-, Autoren- und Sachverzeichnis. Der Bezugspreis beträgt 5,—DM je Heft.

Bestellungen durch eine Buchhandlung erbeten

AKADEMIE-VERLAG · BERLIN

FSC
www.fsc.org
MIX
Papier | Fördert gute Waldnutzung
FSC® C083411

Zeitfracht Medien GmbH
Ferdinand-Jühlke-Straße 7
99095 Erfurt, Deutschland
produktsicherheit@kolibri360.de